Das Wirtschaftssystem Fords

Eine theoretische Untersuchung

von

W. G. Waffenschmidt
Dr.-Ing., Dr. rer. pol.,
Privatdozent an der Universität Heidelberg

Mit 20 Abbildungen

Berlin
Verlag von Julius Springer
1926

ISBN-13:978-3-642-90509-4 e-ISBN-13:978-3-642-92366-1
DOI:10.1007/978-3-642-92366-1

Inhaltsverzeichnis.

Einleitung: Methode und Zweck.

Über Forschungsmethoden ist in der Volkswirtschaftslehre so viel gestritten worden, daß jedes polemische Wort zuviel ist; ja man kann unwillig sagen, daß überhaupt jedes Wort zuviel ist, da über dem Gedanken, wie man etwas anzufangen habe, zu leicht die Ausführung vergessen wird.

Dementsprechend wollten wir zunächst „medias in res" gehen, aber es hat sich die Darstellung als so gewagt gezeigt, daß doch wieder einiges über die methodische Absicht, die mit ihr verbunden ist, gesagt werden muß.

Zwei Richtungen sind in der neueren Wirtschaftstheorie besonders auffallend; erstens das Beiziehen privatwirtschaftlicher Vorgänge in die Theorie und zweitens die mit dem Streben nach größter Exaktheit verbundene Verwendung mathematischer Darstellungsweisen.

Wenn die Theorie mit der Privatwirtschaft in das Einzelne geht, sich atomisiert, so wirkt die mathematische Behandlung nach der anderen Richtung, vereinigend. Die übliche, meist begriffliche Einzelbetrachtung der wirtschaftlichen Phänomene Preis, Lohn, Zins, Produktionsmenge, Kapital, Arbeiterzahl usw. genügt nicht. Für die Untersuchung der Größenänderungen ist es vielmehr unbedingt erforderlich, diese Phänomene in ihrem vollen quantitativen Zusammenhang zu betrachten. Schumpeter nennt diesen Zusammenhang einen Kranz von Gleichungen, der unser Wirtschaftsleben umgibt, und in dem die Wirtschaftsgrößen zusammengefaßt sind. Keine ändert sich, ohne die anderen nicht irgendwie mit sich zu ziehen.

Offenbar muß es für den Theoretiker reizvoll sein, diesen Kranz zu betrachten, wie er sich in einer Privatwirtschaft des Fordschen Riesenbetriebes darstellt.

Noch einige Bemerkungen seien gestattet:

In der Abhandlung wird zunächst aus pädagogischen Gründen mit vollen Segeln in den Optimismus gefahren, als ob die wirtschaftlichen Erscheinungen gleich exakt und gleich mathematisch behandelt werden könnten wie die naturwissenschaftlichen Gesetze. Der Kampf mit den auftretenden Schwierigkeiten quantitativer Erfassung, das Abdrängen vom realen Boden zur Fiktion, ergibt sich ganz von selbst, Schritt für Schritt. Trotzdem wird der Leser zur Überzeugung kommen, daß hinter dieser Methode etwas steckt. Der theoretische Feinschmecker wird mit Vergnügen feststellen, daß wesentliche Teile der Untersuchung auf dem Boden stehen, den Cournot in seiner Theorie des Reichtums (Übersetzung Jena 1924) schon im Jahre 1836 bereitet hat. So ist zu hoffen, daß die Abhandlung, das Ergebnis seminaristischer Übungen, trotz der nicht ganz leichten Anforderungen das Verständnis für neuere Forschungsmethoden erweitert, die in Österreich und dem Ausland gang und gäbe sind.

Diejenigen aber, welche mathematische Methoden beherrschen und die gerne über die mangelnde Exaktheit in der Nationalökonomie die Nase rümpfen, mögen die vorliegenden Schwierigkeiten nur kennenlernen.

Preiserklärung.

In der Wirtschaftstheorie steht die Erklärung des Preises im Vordergrund. Tatsache ist nun, daß ein Fordkraftwagen in Amerika rund 350 Dollar, das sind 1500 M., kostet, ein Preis, mit dem eine europäische Firma nicht in Wettbewerb treten kann. Gibt es nun Erklärungsgründe für diesen niedrigen Preis?

Zunächst werden wir uns verlässigen, ob der Preisunterschied gegenüber deutschen Fabrikaten durch die Mangelhaftigkeit des Erzeugnisses gegeben ist, ob wir kraß ausgedrückt billige Schundware kaufen. Wir besinnen uns, daß die Ware nicht als Ding an sich, sondern um ihrer Leistungen willen gekauft wird. Reduzieren wir also den Preis des Objekts auf den Preis seiner Leistung, so finden wir, daß auch ein Gleiches leistender Kraftwagen bei uns das Mehrfache kostet wie bei Ford. Wie ist das zu erklären? Hierzu gibt es verschiedene Methoden, und es liegt nahe, zunächst zu fragen: „war das immer so?“, also gewissermaßen historisch vorzugehen und die Preisentwicklung zu studieren. Gerade hierüber finden wir bei Ford selbst folgende Angabe auf S. 170 des Buches „Mein Leben und mein Werk“ (26. Aufl.):

Preisentwicklung.

Für das Jahr	war der Preis des „Fordwagens“	Für das Jahr	war der Preis des „Fordwagens“
1909/10	Dollar 950	1915/16	Dollar 440
1910/11	„ 780	1916/17	„ 360
1911/12	„ 690	1917/18	„ 450
1912/13	„ 600	1918/19	„ 525
1913/14	„ 550	1919/20	„ 575 bis 440
1914/15	„ 490	1920/21	„ 440 bis 355

In dieser Preisentwicklung zeigt sich eine offenbare Regelhaftigkeit, insofern die Preise von Jahr zu Jahr sinken, bis zum

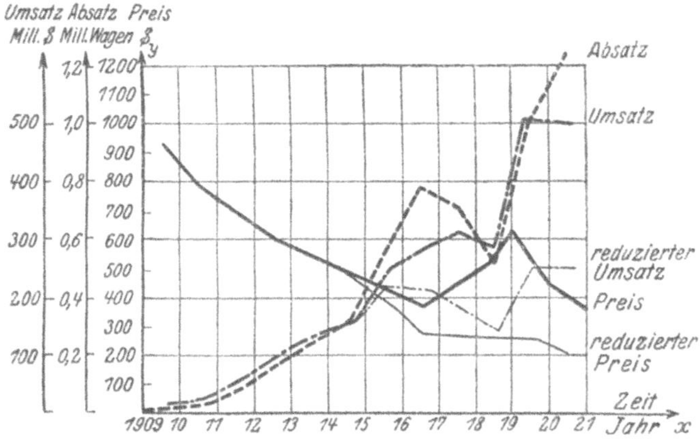

Abb. 1.

Jahre 1916/17. Die Auftragung dieser Zahlen in einem Schaubild (Diagramm Abb. 1), auf dessen einer Achse (X-Achse, Abszisse) die Jahre, auf dessen anderer Achse (Y-Achse, Ordinate) die dazugehörigen Preise dargestellt werden, verdeutlicht diese Gesetzmäßigkeit und zeigt, daß die Entwicklung von 1909/10 bis 1916/17 auffallend stetig war. Hätte man im Jahre 1915/16 die Frage gestellt: wie wird sich nach der bisherigen Entwicklung der Preis für das Jahr 1916/17 gestalten, so würde man ohne allzu großen Fehler durch Fortführung der Linie, d. h. durch Extrapolation, den Preis haben ermitteln können.

Gesetze.

Offenbar liegt hier eine gesetzmäßige Entwicklung vor. Derartige „Gesetze" sind in der Naturwissenschaft häufig zu beobachten; so kann der Stand der Gestirne auf Jahr und Tag vorausberechnet werden. Im kleinen sucht der Physiker durch das Experiment einzelne Punkte solcher Kurven und ermittelt aus dem daraus festgestellten Gesetz andere unbekannte Punkte; er sucht die Abhängigkeit zwischen Spannung und Dehnung; oder er stellt fest, daß eine Kugel in der ersten Sekunde auf einer schiefen Ebene 2 m weit herabrollt, in der zweiten Sekunde 4, in der dritten 8, in der vierten 16, und für die fünfte Sekunde könnte er dann nach dem bisherigen Gesetz 32 m Weg errechnen, für die sechste 64 m und so fort, und er würde diese Berechnung bestätigt finden.

Was liegt näher, als zur Erklärung der wirtschaftlichen Erscheinungen die gleichen Methoden, insbesondere die Methoden der Mathematik und Mechanik anzuwenden, die der Naturwissenschaftler auf seinem Gebiet mit so großem Erfolg benützt, während man immer und immer wieder von einem Bankrott der Wirtschaftswissenschaft sprechen hört? Und weiter was liegt näher, als daß der Wirtschaftspolitiker dieselben Methoden benutzt, um die Wirkung seiner Maßnahmen: Zölle, Steuern, Taxen, Preisfestsetzungen, Kontingentierungen zu berechnen, wie der Techniker die Wirkung seiner Anordnungen aus den Gesetzen berechnet?

Diesen Hoffnungen und Erwartungen gegenüber kommt der kritische Beobachter auf wesentliche Unterschiede zwischen „naturwissenschaftlichem Gesetz" und „sozialwissenschaftlichem Geschehen", und hierauf weist auch der weitere unstetige Verlauf der Preiskurve hin. Natura non facit saltum, aber in der auf das Jahr 1915 folgenden Zeit ist die Linie unstetig, geknickt.

Wenn wir die möglichen Ursachen überdenken, so finden wir, daß die Kräfte in der Natur, z. B. die Anziehungskraft, stetig und unveränderlich sind; in den sozialen Gesetzmäßigkeiten dagegen sind Willkürlichkeiten durchaus nicht ausgeschlossen. Im Gegensatz zur Naturkraft ist die subjektive menschliche Entschließung, das Grundelement des Wirtschaftens, keinem äußeren Zwang unterworfen (wenngleich dieser Willensfreiheit gegenüber zunächst psychologische Bindungen durch Gewohnheit und Sitte feststehen, welche die Freiheitsgrade tatsächlich verringern. Dazu kommt, daß sich entgegenwirkende Kräfte kompensieren und daß sich bei Masseneerscheinungen rein tatsächlich auffallende Regelmäßigkeiten feststellen lassen). Den Versuchen gegenüber, solche Gesetze, wie ein Preisgesetz, aufstellen zu wollen, hat man ferner darauf hingewiesen, daß die Naturgesetze neben ihrer Zwangsläufigkeit auch noch den Charakter der räumlich und zeitlich allgemeinen Geltung hätten, nicht aber die Wirtschaftsgesetze.

Reale Gesetze.

Das stimmt für die realen Gesetze. Für den tropischen Wilden gilt das europäische Wirtschaftsgesetz nicht, in der Sphäre der Leidenschaft gilt es nicht einmal in Europa. Vieles von dem, was Marx seinerzeit gültig entwickelt hat, ist heute, wie die Wissenschaft mehr und mehr zugibt, allgemein nicht mehr aufrechtzuerhalten. Dem wird nun entgegengehalten, die naturwissenschaftlichen Theorien und Gesetze dürften auch nicht überschätzt werden. Eine Theorie sei durch die andere verdrängt worden, die Gesetze seien selten rein in Wirksamkeit. Das Fallgesetz treffe tatsächlich kaum einmal genau zu, da es nur für den luftleeren Raum gelte.

Normative Gesetze.

Der Vollständigkeit halber und weil sie in der Wirtschaftswissenschaft leider eine sehr große Rolle gespielt haben, seien noch die normativen Gesetze erwähnt. Es ist ein reales Gesetz, daß sich die Kreatur zu vermehren sucht. Es ist ein normatives Gesetz, dieses reale Gesetz als Norm aufzustellen und zu sagen: gehet hin und vermehret euch. Daß das zwei getrennte Welten sind, ist uns geläufig geworden mit Kant. Wir müssen uns hüten vor einer Vermischung, und gerade in der Volkswirtschaftslehre liegt die Gefahr nahe, die formalen in Gedanken abgeleiteten Gesetze einfach zu realen Gesetzen zu stempeln und diese zu „natürlichen“ Sollvorschriften und Normgesetzen zu erheben.

Diese Bemerkungen waren erforderlich, um die Klippen für das weitere Vorgehen zu kennzeichnen.

Oben wurde schon angedeutet, wie der Naturwissenschaftler vorgeht, wenn er als Ergebnis seiner Experimente eine ähnliche, geknickte Kurve erhält wie unsere Preisentwicklungskurve. Er sucht nach Störungsursachen, nach deren Isolierung er sein „Gesetz“ herausschält. So gehen auch wir vor, und dabei untersuchen wir nicht empirisch alle möglichen Ursachen, sondern unsere reine Überlegung scheidet unwahrscheinliche aus und sucht wahrscheinliche Ursachen für die Störung der Preisentwicklung im Jahre 1917/18. Ford selbst weist uns darauf hin: es war die Zeit der Geldentwertung. Solche Störungserscheinungen, welche die Gesetze außer Kraft setzen, treten auch in der Natur auf. Sie sprechen also noch nicht gegen eine exakte Behandlung. Zwischen Exaktheit und Realität aber besteht eine Kluft.

Formale Gesetze.

Die neuzeitliche Theorie sucht über diesen Streit hinweg zur Tat zu kommen. Sie gibt zu, daß die Wirtschaftstheorie die Wirklichkeit nicht voll und ganz erfassen kann. Sie sieht ihre Aufgabe darin, einen roten Faden durch das unübersehbare Gewirre realer Tatsachen und Geschehnisse zu ziehen. Sie unterscheidet von den realen wirklichen Gesetzen die formalen Gesetze, die auch in der nichtwirklichen Welt bestehen können und die gekennzeichnet sind durch die Worte: „vorausgesetzt daß“. Ob nun diese Voraussetzung real wirklich zutreffend ist, das ist oft genug schwer zu entscheiden, und es besteht dann Gefahr, im Anfang steckenzubleiben. Auch hier bringt die Fiktion, die Flucht aus der Wirklichkeit in das Gebiet der Gedanken, den Wissenschaftler vorwärts. Dem etwaigen Vorwurf, der nicht immer unberechtigt ist, daß er sich in Hirngespinsten verliert, begegnet er durch den Hinweis, daß er gerne zugebe, der Maßstab für die Bewertung seines entwickelten Systems liege in der Praxis. Wie dasjenige naturwissenschaftliche System als das wahre betrachtet werde, bei dem Schlußfolgerung wie Voraussetzung am besten mit der Wirklichkeit übereinstimmen, ebenso seien auch die wirtschaftswissenschaftlichen Systeme zu bewerten.

Damit wird von dem realen Gesetz das formale, bedingte, durch logische Überlegungen denknotwendige Gesetz unterschieden.

Geldentwertung.

Wenn wir früher die Frage stellten: ist der Preisunterschied des Kraftwagens gegen den üblichen Preis darauf zurückzuführen, daß die Leistung schlechter ist, so dreht sich nun das Problem um und wir sehen eine Teuerung, die auf die geringere Leistung des Geldes zurückzuführen ist. Wie wir die Leistung des Kraftwagens von 1909/10 zugrunde gelegt haben, so legen wir auch die Leistung des Geldes vom Jahre 1909/10 (oder die gleich große von 1913/14) zugrunde und erhalten durch die Umrechnung mittels eines Teuerungsindexes den reduzierten Preis.

Wir finden in den Preisindexzahlen der Vereinigten Staaten folgende Angabe: unter der Annahme, daß der Preisindex im Jahre 1913/14 mit 100 angegeben wird, war in den kommenden Jahren folgende Veränderung festzustellen:

(a) Jahr	(b) Teuerungsindex U. S. A.	(c) hiermit reduzierter Preis des Kraftwagens Dollar
1913/14	100	550
1914/15	96,7	508
1915/16	107	410
1916/17	128,4	280
1917/18	170,0	265
1918/19	203	257
1919/20	202,7	257
1920/21	208,2	200

Das was im Jahre 1914 also 100 Dollar kostete, kostete im Jahre 1918 203 Dollar. Das Geld entwertete sich etwa um die Hälfte. Der Wagen, der 1918 also 525 Dollar kostete, würde nach dem Geldwert von 1914 die Summe von $\frac{525}{2{,}03} = 257$ Dollar kosten. Die Auftragung der in Spalte (c) berechneten reduzierten Preise in Abb. 1 zeigt, daß diese Preisentwicklung in den geschilderten Jahren tatsächlich erstaunlich gleichmäßig verläuft.

Wir haben damit schon ein formales Gesetz, das lautet: „mit steigender Geldentwertung steigt der Preis;“ es ist einfach eine Denknotwendigkeit und ergibt sich aus dem Begriff des Preises als Quotient: Geldmenge durch Warenmenge. Somit ist das Störungselement ausgeschieden, und die Gesetzmäßigkeit einer Preisverringerung auch für Jahre ist deutlich herausgeschält.

Wie ist nun der Charakter dieser Gesetzmäßigkeit? Es wird niemand behaupten wollen, daß sie einem naturwissenschaftlichen Gesetz entspräche und daß etwa eine festgestellte Verbilligung sich in alle Zeiten fortsetzen müsse, wohl aber vermuten wir, daß unter gleichen sachlichen Voraussetzungen sich diese Erscheinung des Preisrückgangs wiederholen würde.

Lediglich mit dieser zeitlichen Entwicklung der Tatsache sind wir also nicht zufrieden; sie ist keine genügende Erklärung. Wir suchen nach Ursache und Wirkungen, nach Gründen.

Hätte der Theoretiker gar keine Vermutung, könnte er nicht durch seine Überlegung, also auf dem Wege der Deduktion, Zusammenhänge ergründen, so bliebe nichts anderes übrig, als auf dem Wege der Induktion alle möglichen wirtschaftlichen Größen wie Arbeiterzahl, Lohn, Kapitalgröße, Zins, Absatz usw. in ihrer zeitlichen Entwicklung festzustellen. Wie bei einem bewegten Körper die Ursache der Gesamtbewegung auf den bewegten Teil zurückgeführt wird, beim Pferd auf die Beine, beim Fisch auf die Flossen, beim Vogel auf die Flügel, so würde man dann die Bewegung des Preises auf das Wirtschaftselement zurückführen, das sich ebenfalls verändert. Sowenig nun der Historiker alles Geschehene untersucht, ebenso wie er vielmehr das ihm Bedeutsame hervorzieht, ebenso wählen wir die Größen und Beziehungen aus, die uns als Preisänderungsursachen wahrscheinlich sind.

Preisabsatzfunktion.

Zu dieser Erklärung der Preisentwicklung gibt Ford als weitere Zahlenreihe die Entwicklung der Absatzmenge an:

(a) Jahr	(b) Produktion bzw. Absatz Stück	(a) Jahr	(b) Produktion bzw. Absatz Stück
1908	6000	1915/16	533921
1909/10	18664	1916/17	785432
1910/11	34528	1917/18	706584
1911/12	78440	1918/19	533706
1912/13	168220	1919/20	996660
1913/14	248317	1920/21	1250000
1914/15	308213		

Die Zahlenreihe der Absatzmenge und noch mehr die Kurve in Abb. 1 zeigt tatsächlich auch hier ein stetiges Wachstum des Absatzes, solange keine Wirtschaftsstörungen wie Krieg aufgetreten sind.

Wir schließen nun aus der gleichzeitigen Änderung von Preis und Absatz auf die gegenseitige Abhängigkeit dieser beiden Größen.

Mit der Darstellung der Preisentwicklung, abhängig von der Zeit, und mit der Darstellung der Absatzentwicklung, ebenfalls abhängig von der Zeit, ist es nun mathematisch möglich, die gegenseitige Abhängigkeit zwischen Preis und Absatzmenge unmittelbar unter Ausschaltung der Zeit darzustellen, und zwar war beim Preis von

950	Dollar	der	Absatz	18664	Wagen
780	„	„	„	34528	„
690	„	„	„	78440	„
600	„	„	„	168220	„
550	„	„	„	248317	„
				usw.	

Die Auftragung dieser Abhängigkeit (oder mit dem mathematischen Ausdruck dieser Funktion) in Abb. 2 ergibt ebenfalls wieder eine Kurve von auffallender Stetigkeit für den reduzierten Preis.

Derartige Kurven werden mehr und mehr zur Veranschaulichung wirtschaftlicher Beziehungen verwendet. Sie sind übersichtlicher als die Tabellen. Der Mathematiker verfügt noch über weitere Arten der Darstellung: die Gleichungen, durch welche sich die Kurven und Tabellen ausdrücken lassen. Sind die Kurven einfacher mathematischer Natur, so bringt die Anwendung von Gleichungen Vorteil, weichen sie aber nur ein wenig ab, so wird die Aufstellung von Gleichungen und das mathematische Arbeiten damit so schwierig, daß der Ertrag für die Erkenntnis zu teuer erkauft ist.

Ziehen wir unter die bisherigen Ableitungen einen Strich, so können wir feststellen: Die Preiserniedrigung ist zweifellos nach dem mathematischen Gesetz verursacht durch Absatzvergrößerung; wir gehen weiter und stellen ein allgemeines Wirtschaftsgesetz auf, das nicht nur für Ford gilt: „mit steigendem Absatz fällt der Preis“. Wir werden hartnäckig und behaupten, wenn uns entgegengesetzte Fälle aufgezeigt werden, daß diese auf „Störungserscheinungen" zurückzuführen seien, daß unser Preisabsatzgesetz das „natürliche" sei. Ja wir nehmen eine politische Stellung ein gegen jede Störungsursache und erklären es als **normatives** Gesetz: Die Gesellschaft **soll** ihre Handlungen so einrichten, daß das Gesetz beachtet wird und daß keine Störungen desselben vorkommen.

Aber eine genauere Untersuchung der Verhältnisse wird uns zu wesentlich größerer Bescheidenheit führen. Der Verteidiger

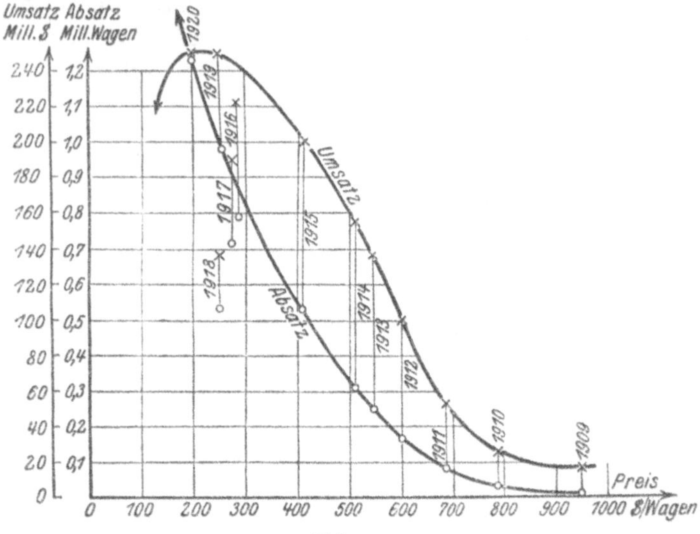

Abb. 2.

des Gesetzes wird allen kommenden Einwendungen gegenüber sagen: „Das Gesetz ist doch mathematisch bewiesen." Darauf ist zu antworten: Es ist gar nichts bewiesen, sondern lediglich dargestellt, daß Preis und Absatz sich in der Entwicklung **zeitlich** voneinander zahlenmäßig abhängig erwiesen haben. Es ist überhaupt nicht Sache der Mathematik, aus diesem Beziehungsverhältnis, aus dieser Funktion ein kausales Verhältnis, eine Behauptung von Ursache und Wirkung abzuleiten. Das kann der Logiker, wenn es ihm seine Wissenschaft gestattet. Und diese gestattet ihm vorerst nur, von einer Wahrscheinlichkeit zu sprechen. Es ist grundfalsch, eine Sache für bewiesen zu halten, weil sie sich in mathematischer Form darstellen läßt. Noch mehr wird die theoretische Sicherheit erschüttert durch folgendes: Jene formal-mathematische Operation, aus der Abhängigkeit zweier veränderlichen Größen (Preis und Absatz) von einer dritten (Zeit) die gegenseitige Abhängigkeit der ersten und zweiten Abhängigen abzuleiten, ist von wirtschaftlich erheblicher Tragweite. Sachlich würde sie zur Voraussetzung haben, daß das, was im Jahre 1909/10 für Preis und Absatz gegolten hat, auch im Jahre 1920/21 gilt.

Statische und kinetische Preisabsatzfunktion.

Diese Voraussetzung trifft offenbar nicht zu; gesetzt den Fall, es sei 1909 eine Preisabsatzkurve festgestellt worden, ähnlich der in Abb. 2 gezeichneten, so würde diese im Jahre 1920/21 mit aller Wahrscheinlichkeit eine andere sein, sie würde höher oder tiefer, steiler oder flacher verlaufen. Selbst wenn wir den Verlauf der Kurve als gesetzmäßig annehmen, so gilt er nur unter den bestimmten Voraussetzungen. Da diese, wie Bevölkerung, Kaufkraft, Technik, sich ändern, so ändert sich die Preisabsatzkurve von Jahr zu Jahr.

Es sind also zwei Arten von Kurven zu unterscheiden: erstens die im Laufe der Zeit aus der Bewegung der Wirtschaft ermittelte Kurve Abb. 2, die wir kinetische Funktion nennen, da sie die Bewegung im Laufe der Zeit vorstellt, und zweitens die Kurven, welche für die einzelnen Jahre gelten und welche aussagen: wenn der Preis jetzt x Mark wäre, so wäre der Absatz y Stück. Sie gelten für den augenblicklichen Zustand und werden deshalb statische Kurven, statische Funktionen genannt. Der Vollständigkeit halber seien noch die dynamischen Wirtschaftsgrößen, jene „Kräfte" wie Kaufwillen, Lust sowie die von ihnen abhängigen Funktionen, erwähnt.

Von der statischen Funktion jeden Jahres ist uns ein einziger Punkt zahlenmäßig bekannt, den übrigen Verlauf kennen wir nicht. Wir haben wieder zwei Wege, um ihn zu finden, aber beide führen uns von der sicheren Tatsache weg.

Erstens können wir durch „Abfragen" und Umfragen empirisch feststellen, wie wohl die Kundschaft auf eine Preisänderung reagiert und können so induktiv die Preisabsatzfunktion ermitteln, ohne jedoch sicher zu sein, ob diejenigen, welche sich bei einem gewissen Preis zum Kauf bereit erklären, ihn auch wirklich betätigen würden.

Zweitens kann man durch bloße Überlegung deduktiv zum Schluß kommen, daß die Kurven der einzelnen Jahre gleichmäßiger verlaufen als die kinetische Kurve. Denn es ist anzunehmen, daß bei einer Preisverbilligung oder Preisverteuerung der Absatz im gleichen Augenblick weniger empfindlich reagiert als zu einer Zeit, wo die Wirkung des zeitlichen Verschleißes des Produkts einerseits und einer allgemeinen Wohlstandszunahme andererseits wirksam geworden ist.

Die kinetische Preisabsatzfunktion wäre demgemäß aufzufassen als Verbindungslinie von Punkten einer Schar statischer Kurven (Abb. 3).

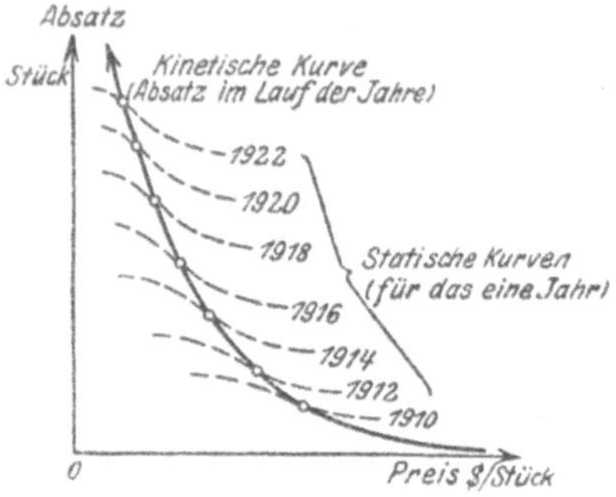

Abb. 3.

Hier zeigt sich nun ein Verhängnis für die Theorie: Die kinetische Preisabsatzfunktion ist gerade für diejenigen rechnerischen Untersuchungen ungenügend, welche die Geschäftspolitik des Augenblicks braucht, insbesondere für die Lösung der Frage: welchen Preis verlange ich, um den günstigsten Absatz zu erzielen? Die für die Frage richtige zeitlose, statische Preisabsatzfunktion ist aber wie gesagt nicht als real nachweisbar, sondern eben aus Überlegungen und Wahrscheinlichkeiten abgeleitet. Durch Abfragen kann sie wohl ein Stück weit auf ihren wahrscheinlichen Verlauf geprüft werden, und tatsächlich legt Ford auch besonderen Wert darauf, durch seine Agenten die Tendenz „Steigen oder Fallen" ungefähr zu erfahren. Auch andere Firmen versuchen durch kleine Preisänderungen festzustellen, wie der Absatz reagiert. Im großen aber bleibt die statische Kurve in ihrem Verlauf unbekannt. So bleibt also die G l a u b w ü r d i g k e i t statt der Erhebung, daß die statische Preisabsatzfunktion flacher aber ähnlich verläuft wie die kinetische. Damit wird aber sowohl das „Gesetz" erschüttert, als auch seine Bedeutung verringert.

Es zeigt sich also, wie rasch die Realität bei theoretischen Untersuchungen verlassen werden muß und wie man sich durch die Abstraktion und Isolierung helfen muß. Besonders gefährlich aber ist es, wenn diese vorgenommene Abstraktion nicht deutlich erkannt wird und nicht nur formale bedingte Behauptungen, sondern reale absolute Behauptungen aufgestellt werden.

Die Funktion.

Deshalb bleibt die Unterscheidung von kinetischer und statischer Preisabsatzfunktion wichtig als Modifikation des Grundsatzes, daß eine Preisabsatzfunktion die typische Form hat: mit steigendem Absatz sinkt der Preis oder was dasselbe besagt, mit steigendem Preis sinkt der Absatz.

Der Begriff der Funktion sagt nichts über das Kausalverhältnis, d. h., ob der geringe Absatz eine Folge des hohen Preises oder der hohe Absatz eine Folge des niedrigen Preises ist. Wenn man aber über derartige ursächliche Zusammenhänge keine Klarheit hat, oder wenn sie nicht absolut gültig sind, sondern von verschiedenen Gesichtspunkten verschieden beurteilt werden (z. B. von Produzenten oder Konsumenten), so kann es für die wissenschaftliche Richtigkeit, genauer für die Exaktheit, wichtig sein, über das Kausalverhältnis eben nichts aussagen zu müssen, d. h. hier darüber, ob der höhere Preis die Ursache des geringen Absatzes oder ob der geringere Absatz die Ursache des höheren Preises ist. Auch darin liegt ein Vorteil des mathematischen Funktionsbegriffes. Für Ford selbst ist tatsächlich der große Absatz Voraussetzung und Bedingung der Verbilligung, für die Kundschaft ist der niedere Preis die Voraussetzung des Kaufes in ausschlaggebendem Ausmaß.

Quantitätsprobleme.

So wichtig die Preisabsatzfunktion in ihrer Gesetzmäßigkeit ist, so kann man sich mit ihrer Darstellung als Erklärung nicht zufrieden geben.

Wir gehen zurück zur Ausgangsfrage: Woraus erklärt sich der Preis? Sie hat zwei Bestandteile; sie frägt erstens danach: welches sind qualitativ, nach der Art, die letzten Ursachen der Preisbildung und zweitens frägt sie quantitativ, nach Maß und Zahl, wie die Höhe des Preises zustande kommt.

Preiserklärung von der Seite des Produzenten und von der Seite des Konsumenten.

Hier geht die allgemeine Preistheorie sowohl wie auch die Überlegung der Fordschen Wirtschaft nach zwei Richtungen. Der Tausch: Wagen gegen Dollar ist der Treffpunkt einerseits der Vergangenheit und andererseits der Zukunft. All den Vorteilen, die den Tauschenden das einzutauschende Gut bringt, stellen sie die Mühen gegenüber, die von ihnen aufgewandt wurden, um das Herzugebende zu schaffen; überwiegt der Vorteil, und zwar bei beiden Tauschenden, so kommt der Tausch zustande (vorausgesetzt, daß nicht ein anderer Tausch noch größere Vorteile bringt, worauf später noch einzugehen ist). Demnach zerfällt das Tausch- und Preisproblem in die Betrachtung zweier Kreise: den des Produzenten der Ware und den des Konsumenten der Ware. Wie oft bei einem bestimmten Geldpreis diese Tauschbedingungen zutreffen, wie oft also ein Käufer eines Wagens von diesem größere Leistungen erwartet als von einer anderen Verwendung der Geldsumme einerseits und als ihn andererseits die Beschaffung der Geldsumme an Mühe gekostet hat, all das liegt in der Preisabsatzfunktion verkörpert.

Produzent.

Betrachten wir zunächst den Produzenten. Er hat die Preisabsatzfunktion in mehr oder weniger zuverlässiger Weise festgestellt. Die Agenten Fords überwachen, wie erwähnt, sorgfältig die Marktlage. Stetigkeit der wirtschaftlichen Verhältnisse erleichtert es, Schlüsse zu ziehen. Etwaige Störungen werden in schwierigeren Überlegungen ebenfalls berücksichtigt. Den Rest muß das Unterbewußtsein, der kaufmännische Instinkt für die zukünftige Entwicklung, leisten.

Im Entschluß, welchen Preis der Produzent festsetzen will, ist er äußerlich unbehindert, niemand macht ihm Vorschriften; Ford ist dynamisch frei, von keiner Bank abhängig, er gehört keinem Verband an; er könnte sagen: ich verkaufe den Wagen zu 5000 Dollar, und er könnte sagen: ich verkaufe den Wagen zu 200 Dollar. Eines aber kann er nicht erzwingen: den Absatz. Dieser ist eben eine Funktion des Preises. Nehmen wir die kinetische Preisabsatzfunktion Abb. 2 als im Augenblick statisch gültig an, so werden beim Preis 900 Dollar 25000, bei 600 Dollar 170000, bei 300 Dollar 800000 Wagen verkauft.

Wirtschaftsprinzip.

Um nun das Handeln zu bestimmen, bedarf es eines Prinzips. Man kann sich eine Reihe von wirtschaftlichen Prinzipien vorstellen, auf die wir noch zu sprechen kommen werden. Ein solches Prinzip ist das Streben nach dem größten Umsatz.

Umsatz.

Es ist nun oft viel mehr in mathematischen Funktionen enthalten, als der Laie sieht. So ist z. B. in der dargestellten Preisabsatzfunktion Abb. 2 mathematisch bereits auch der „Umsatz" enthalten, denn Geldumsatz ist gleich Preis mal Warenumsatz, kurz Umsatz ist gleich Preis mal Absatz. Ist der Preis z. B. 300 Dollar und der Absatz 800000 Wagen, so ist der Umsatz $300 \times 800000 = 240000000$ Dollar.

Die Ausrechnung ergibt folgende Tabelle:

Jahr	Geldumsatz-Preis mal Absatz	Aus reduziertem Preis mal Absatz errechneter reduzierter Geldumsatz
1908		
1909/10	19 Mill. Dollar	—
1910/11	27 ,, ,,	—
1911/12	54 ,, ,,	—
1912/13	100 ,, ,,	—
1913/14	137 ,, ,,	—
1914/15	151 ,, ,,	154 Mill. Dollar
1915/16	236 ,, ,,	218 ,, ,,
1916/17	283 ,, ,,	220 ,, ,,
1917/18	318 ,, ,,	187 ,, ,,
1918/19	280 ,, ,,	135 ,, ,,
1919/20	518 ,, ,,	250 ,, ,,
1920/21	500 ,, ,,	250 ,, ,,

Verfolgt nun der Unternehmer das Prinzip des größten Umsatzes, so wird er die Produktion auf diejenige Absatzgröße und damit den Preis auf diejenige Höhe festsetzen, die ihm den größten Umsatz bringt. Nach der Aufzeichnung in Abb. 2 und der Berechnung wird der Umsatz bei einem Preis von etwa 220 Dollar einen Höchstwert erreichen; bei höherem Preis ist die Wirkung der Absatzverringerung stärker als die der Preiserhöhung, und der Umsatz wird kleiner, bei einer Preisverringerung dagegen ist die Wirkung dieser Preisverringerung größer als die der Absatzerhöhung, und der Umsatz wird ebenfalls kleiner.

Die Frage ob und die Antwort, daß ein Punkt der Funktion das Prinzip am meisten erfüllt, daß also irgendwo der Umsatz ein Maximum wird, ist von entscheidender Bedeutung. Auf ihn stellt sich nämlich das Gleichgewicht ein, er bestimmt die Wirtschaft.

Nebenbei ist folgendes zu bemerken: Es gibt auch eine einfache mathematische Regel zur geometrischen Bestimmung dieses Punktes der Kurve, für den das Produkt der Koordinaten ein Maximum ist; es ist derjenige Punkt in Abb. 4, in welchem der Ausschnitt q der x-Achse (zwischen der Tangente und der Ordinate y) gleich der Abszissenlänge x ist, kürzer gesagt der Punkt, in dem die Projektionen der Tangentenabschnitte auf die Achsen gleich sind.

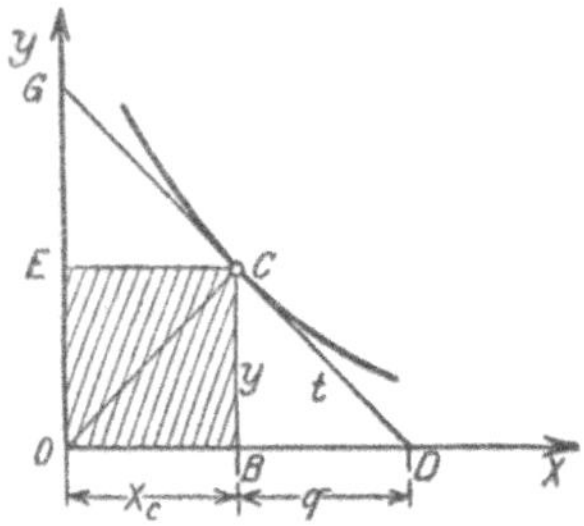

Abb. 4.

Es zeigt sich, daß auch eine nur stückweise Kenntnis der Kurve, wie erwähnt, für den Unternehmer wichtig ist, insofern er aus diesem Stück berechnen kann, ob eine Preiserhöhung oder Erniedrigung seinen Umsatz steigert; und gerade das beobachtet und damit rechnet auch Ford.

Formale Funktion.

Neben diesen realen Betrachtungen kann man nun zu einer formalen, ganz abstrakten wirtschaftstheoretischen Betrachtung übergehen.

Soviel und sowenig die Mathematik Selbstzweck ist, soviel und sowenig ist die Theorie Selbstzweck. Die formalen Ableitungen gestatten jedenfalls die Teilerscheinungen zu typischen Bildern zu prägen und damit aus der mannigfaltigen Vielheit für die Erkenntnis des Realen eine Einheit zu schaffen. Wenn die Ableitungen uns vertraut sind, erleichtern sie es, den Zusammenhang zu überblicken. Jedesmal wenn im Ablauf des wirklichen Geschehens der Anfang dieses Teilbildes erscheint, dann ist das vermutliche Ende dieser Erscheinung schon bekannt. Daher ist Übung mit solchen formalen Ableitungen zweckmäßig. Im vorliegenden Fall kann man z. B. verschiedene geometrische Formen der Preisabsatzfunktion in ihrer Wirkung auf den Umsatz untersuchen.

Hierbei kann man auch zu unangenehmen Überraschungen kommen. So läßt sich eine Preisabsatzkurve konstruieren, bei der der Umsatz nicht nur kein Maximum erreicht, sondern sogar durchweg gleichbleibend ist. Es ist die Form der Hyperbel, wie sie in Abb 5 dargestellt ist. Bei ihr würde also das Prinzip des Maximalumsatzes versagen, die eine Preishöhe wäre für den Unternehmer so gleichgültig wie jede andere. Vom Standpunkt des Unternehmers aus gesehen, wäre die ganze Preislage labil. Unter der Wirkung dieses Prinzips hätte es keinen Sinn, mehr sich weiter mit dem Problem abzugeben.

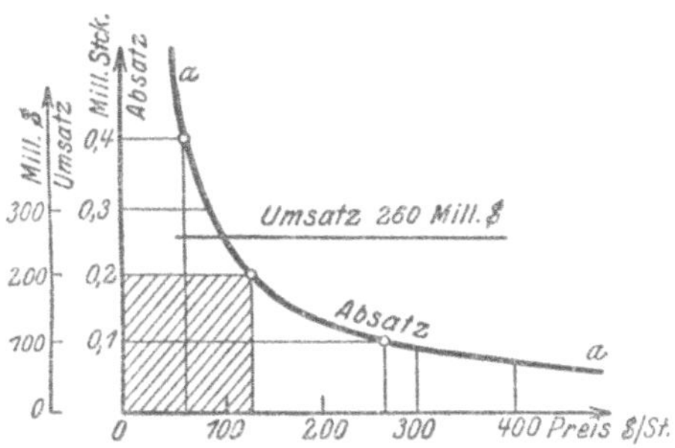

Abb. 5.

Wenn jedoch ein anderes Prinzip, z. B. das Prinzip des „Dienstes an der Allgemeinheit“, oder das Prinzip des möglichst großen „Absatzes“ oder etwa das Prinzip größter Arbeitsbeschaffung, größter Arbeiterzahl als weiteres hinzukäme, so würde bei gleichbleibendem Umsatz der Preis immer tiefer, so tief, als es die technische Produktion erlaubt, herabgesetzt werden.

Steuerüberwälzung.

So einfach die Kurve des Absatzes und Preises ist, und so einfach das Prinzip des größten Umsatzes ist, so sind sie doch als Unterlage für weitere belangreiche theoretische Untersuchungen verwendbar.

Von jeher spielen die Fragen der Steuerüberwälzung eine Rolle.

Nehmen wir an, in Punkt C der Preisabsatzfunktion Abb. 6 sei das Umsatzmaximum erreicht, und das Gleichgewicht habe sich dorthin eingestellt, d. h. es werde z. B. zu dem gegebenen Preis $x = 230$ Dollar die Menge $y = 500000$ Stück abgesetzt.

Auf den Wagen werde jetzt eine Stücksteuer $s = 100$ Dollar gelegt. Nun ist wichtig zunächst die augenblickliche Wirkung für alle Beteiligten (Produzent, Konsument und Fiskus) zu ermitteln. Setzt der Produzent den Verkaufspreis auf die Höhe x_0 plus s, wälzt er also die Steuer ganz auf den Konsumenten ab, so verringert sich der Absatz um die Menge d, denn den Verbrauchern ist es gleichgültig, wohin ihr Geld fließt, ob in die Taschen des Unternehmers oder des Fiskus, sie kaufen eben bei

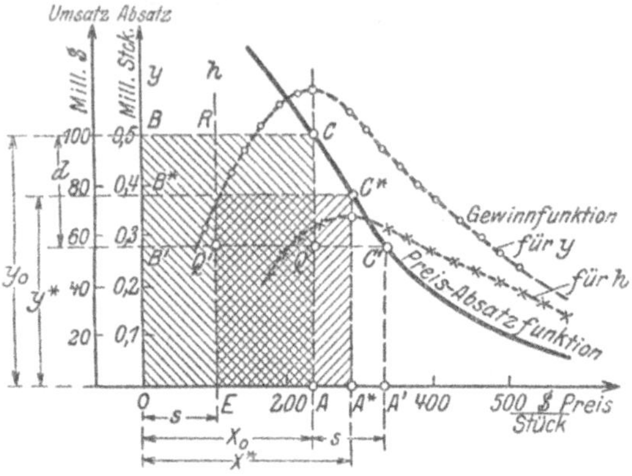

Abb. 6.

einem bestimmten Kostenbetrag und unterlassen den Kauf, wenn jener überschritten wird. Damit läßt sich der Gesamtumsatz, der früher $OACB = 115$ Mill. Dollar war nunmehr auf $OA'C'B'$ $= 90$ Mill. Dollar berechnen, und es zeigt sich, daß er geringer geworden ist. Die Einnahme des Fiskus ist gleich Stücksteuer mal Absatz $OEQ'B' = 28$ Mill. Dollar. Der Fiskus würde sich verrechnet haben, wenn er geglaubt hätte, daß seine Steuereinnahme gleich dem Produkt $OERB = 50$ Mill. Dollar aus dem bisherigen Absatz ($y_0 = 500000$ Stück) mal Stücksteuer ($s = 100$ Dollar/Stück) wäre.

Die Einnahme des Unternehmens bestimmt sich zu $EA'C'Q'$. Sie ist bei gleichbleibender Stückeinnahme um das Maß der Absatzverringerung geringer geworden.

Betrachtet man den Gesamtumsatz als Maß für eine volkswirtschaftlich günstige Organisation der Produktion, so würde durch die Besteuerung ein Schaden entstanden sein gleich $OACB$ minus $OA'CB'' = 115 - 90 = 25$ Mill. Dollar.

Prinzip des größten Umsatzes.

Unter der Wirkung des Prinzips: „Größter Umsatz" wird es aber der Unternehmer nicht bei der bisherigen Einstellung von Preis $x_0 + s$ und Absatz $y_0 - d$ belassen. Er wird sich fragen: kann ich durch eine Änderung des Preises, sei es Erhöhung, sei es Erniedrigung, den mir verbleibenden Einnahmebetrag erhöhen. Er sucht denjenigen Punkt, für den das einbeschriebene Rechteck Preis minus Steuer mal Absatz (also die rechts von $E\,R$ liegenden Fläche des einbeschriebenen Rechtecks) einen Größtwert annimmt. Es zeigt sich für die angenommene Preiskurve, daß dieser Punkt A^* zwischen A und A' liegt. Auf diesen Punkt A^* wird sich das neue Gleichgewicht also einstellen.

Die Stückeinnahme x^* wird geringer als der ursprüngliche Preis x_0 plus Steuer s. Der Absatz y^* wird höher, als er sich bei einem Preis $x_0 + s$ eingestellt hätte. Die Überwälzung der Steuer ist nur eine teilweise; an den Nachteilen sind Hersteller und Verbraucher beteiligt. Es ist klar, daß durch diese Betrachtung der Produktions- und Preisverschiebung das Überwälzungsproblem ein anderes Gesicht bekommt als durch die Vorstellung unveränderter Produktion.

Für die Erkenntnis der realen Erscheinungen bietet diese formale Untersuchung folgendes: Die Kombination a) Steuer-Preiserhöhung für den Konsumenten, b) Nettopreisrückgang für den Produzenten, c) Absatzverringerung ist ein einziger Komplex geworden. Wird der eine Teil der Größen festgestellt, so wird das Auftreten der anderen vermutet und gesucht.

Hierin weitergehend hat die Erkenntnis der formalen Zusammenhänge offenkundige Bedeutung für das privatwirtschaftliche oder staatliche Handeln.

Für die Beurteilung des Wertes dieser methodischen Betrachtung ist wesentlich, daß sie nicht etwa „modern" sind, wie man das wohl vermutet; die ganze obige Entwicklung der Steuerwirkung beruht vielmehr auf den theoretischen Ableitungen, die Cournot, der Vater der „reinen Theorie", im Jahre 1838 veröffentlicht hat.

Unkostenfunktion.

Bisher wurde das Prinzip des größten Umsatzes als Gleichgewichtsprinzip betrachtet, d. h., es wurde angenommen, daß sich die Produktion dorthin einstellt, wo der Umsatz einen Größtwert erreicht. Wenn die Produktionskosten keine Rolle spielen oder wenn der Gewinn einen bestimmten Prozentsatz des Preises ausmacht, wenn also das Gewinnmaximum und das Umsatzmaximum auf denselben Preispunkt fällt, so ist diese Ableitung ausreichend. Das ist insbesondere im Handel im großen Umfang der Fall. In der Produktion jedoch herrscht nicht das Prinzip des größten Umsatzes, sondern das Prinzip des größten Gewinns, und es führt zu einem wesentlich anderen Gleichgewichtspunkt als das Umsatzmaximum.

Um den Gewinn zu berechnen ist vom Umsatz der Aufwand abzuziehen. Zu diesem Zweck muß eine neue Funktion, die Unkostenfunktion, aufgestellt werden; sie besagt: die Herstellung einer Menge y verursacht die Kosten z. Man unterscheidet in der Wirtschaftstheorie zwei quantitativ grundsätzlich verschiedene Formen der Produktionskostenfunktionen: Man sagt, daß in der Landwirtschaft das „Gesetz des abnehmenden Ertrages", in der Industrie das des „zunehmenden Ertrages" wirksam sei, d. h. im Grunde: eine größere Menge landwirtschaftlicher Erzeugnisse kann im Betrieb nur mit größeren Stückkosten erzeugt werden, während eine wachsende Menge industrieller Erzeugnisse mit geringeren Stückkosten hergestellt werden kann.

Allgemein ist Umsatz minus Kosten gleich Gewinn, und unbekümmert um den tatsächlichen Verlauf der Kostenkurve kann man wieder formal-abstrakte theoretische Untersuchungen über das Gewinnmaximum anstellen, wenn man einerseits die Preisabsatzfunktion und andererseits die Stückkostenfunktion in ihrer Abhängigkeit von der erzeugten Stückzahl kennt.

Drei Fälle sind hierbei wohl zu unterscheiden: a) Die Stückkosten bleiben gleich, gleichviel ob mehr oder weniger erzeugt wird. Das Gewinnmaximum ist (wie früher das Umsatzmaximum) zu berechnen und liegt dort, wo das mathematische Produkt aus Preis minus Stückkosten mal Absatz einen Größtwert annimmt. Wir erhalten das gleiche Problem wie bei der Stücksteuer und die gleiche Lösung, nur mit dem Unterschiede, daß wir unter s

nicht Stücksteuer, sondern Stückkosten verstehen (Abb. 7). Das Gewinnmaximum liegt wieder bei dem Punkt C^*. Aus dem Vergleich von C und C^* schließen wir, daß eine Erhöhung der Produktionsstückkosten im Gesamtverlauf den Preis verteuert — aber nicht um das Maß der Kostenerhöhung — und daß der Absatz sich verringert — aber nur um das Maß, das dem neuen Preis OA^* entspricht. Je größer der Betrag der Stückkosten s ist, desto größer ist die Verschiebung des Gewinnmaximums und damit des Gleichgewichts. Daraus ergibt sich die weitere Ableitung.

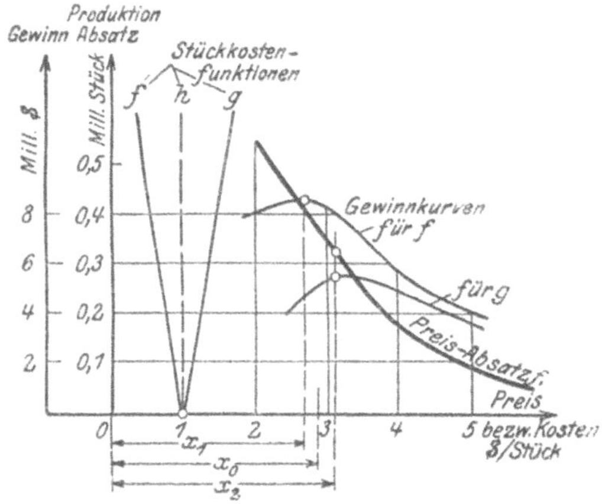

Abb. 7.

b) Im zweiten Fall werden die Stückkosten als mit der Produktionsmenge fallend angenommen (Abb. 7, Kostenlinie f).

Es ergibt sich, daß das Gewinnmaximum bei niedrigerem Preis und größerem Absatz liegt als bei gleichbleibenden Stückkosten.

c) Im dritten Fall der mit der Produktion steigenden Stückkosten liegt das Gewinnmaximum bei höherem Preis x_2 und niedrigerer Produktionsmenge als im Fall a (Abb. 7, Kostenlinie g).

Statische und kinetische Kostenfunktion.

Die Produktionsstückkostenkurve wird nun im allgemeinen nicht einen geradlinigen Verlauf nehmen, sondern die Form einer Kurve haben. Wie schon bei der Preisabsatzkurve darauf hingewiesen wurde, daß die in der Entwicklung der Jahre mit der

Mehrproduktion beobachtete kinetische Absatzkurve nicht identisch ist mit der im Augenblick gültigen statischen Kurve, so wird auch eine im Lauf der Jahre beobachtete Produktionsmengenstückkostenfunktion mit einer augenblicklichen (statischen) Funktion nicht identisch sein.

Die statische Kurve wird sich viel rascher den gleichbleibenden Stückkosten nähern (falls sie eine Kurve der abnehmenden Stückkosten war) wie die kinetische Funktion (Abb. 8).

Diese Unterscheidung ist von besonderer Wichtigkeit, weil in der kinetischen Kostenfunktion Überkompensationserscheinungen, insbesondere durch den technischen Fortschritt, sich geltend machen können, die sie von der statischen unterscheiden.

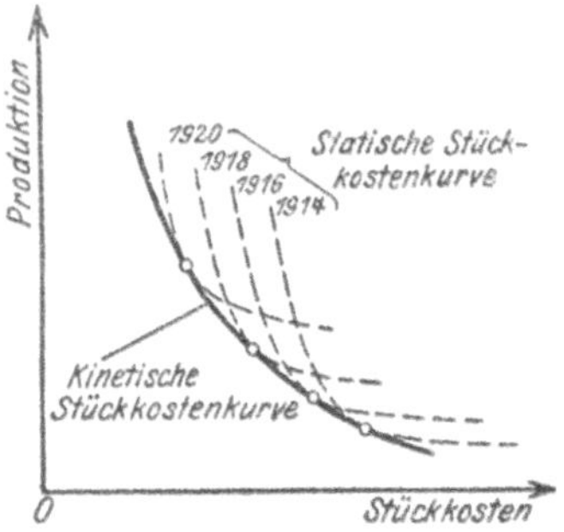

Abb. 8.

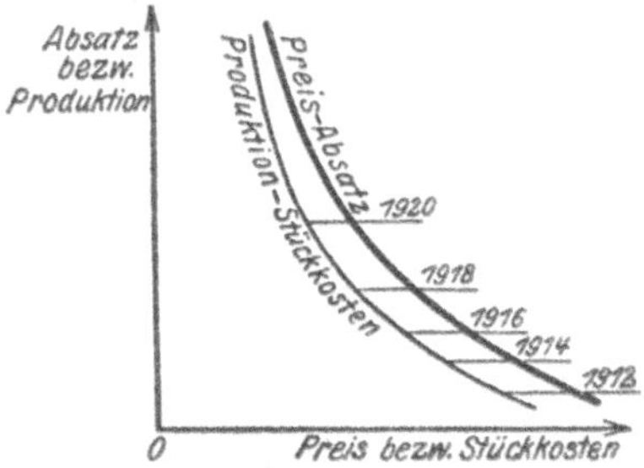

Abb. 9.

Auf diese Weise dürfte das statische „Gesetz des abnehmenden Ertrages“ in der Landwirtschaft anerkannt werden können, während es als kinetische Funktion durch die Fortschritte der Agrikulturtechnik überkompensiert sein kann, so daß tatsächlich heute auch bei uns mehr landwirtschaftliche Produkte mit weniger Stückkosten erzeugt werden können als vor Jahrzehnten.

Für den gesamten Verlauf der kinetischen Produktionskostenfunktion in den gewerblichen Betrieben werden wir wohl einen der Preisabsatzfunktion ungefähr ähnlichen Verlauf annehmen können, d. h. die Stückkosten werden mit steigender Produktion fallen; die Produktionskosten werden im großen und ganzen 70—90%, vielleicht im Mittel 80% des Preises ausmachen, d. h. andererseits, wir würden mit einem Gewinn von 20% rechnen, der in der Dividende oder einer Kapitalvergrößerung aus eigenem Betriebserwerb sich zeigen würde (Abb. 9).

Betrachten wir demgegenüber die statische Preisabsatzfunktion und die statische Produktionskostenfunktion eines Jahres, so wird der Punkt des größten Gewinnes sich gegenüber den kinetischen Funktionen schärfer bestimmen lassen, da nach unserer Annahme die statische Preisabsatzfunktion gestreckter, die statische Produktionstückkostenfunktion gebogener wird.

Es ist von Belang, daß sich im allgemeinen zwei Punkte P_1 und P_2 ergeben werden, in denen sich die beiden Funktionen schneiden, in denen also der Gewinn gleich Null ist; 1. ein Punkt P_2 des hohen Preises und hoher Produktionskosten, aber geringen Produktionsumfanges, und 2. ein Punkt P_1 niedrigen Preises, aber hohen Produktions- und Absatzumfanges. Zwischen beiden liegt mehr oder weniger scharf bestimmt der Punkt P, für den das Gewinnrechteck den Größtwert erreicht (Abb. 10).

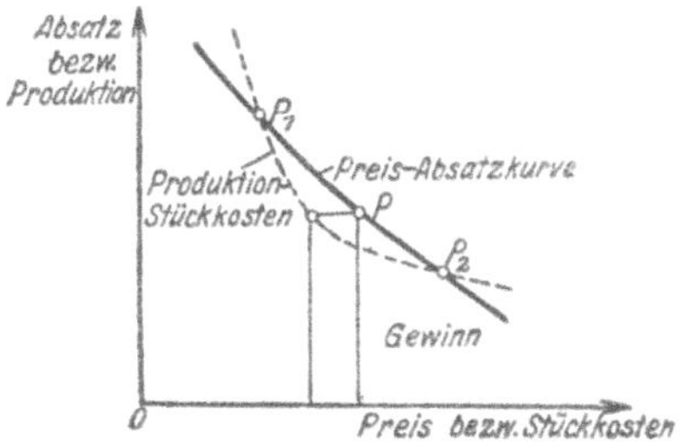

Abb. 10.

Störungen des Gleichgewichtes.

Es ist nun nicht gesagt, daß sich Preis und Produktion, wie es dem wirtschaftlichen Gewinnprinzip entspräche, einstellt. Es kann vorkommen und kommt auch tatsächlich vor, daß dieser Gleichgewichtspunkt P nicht erreicht wird, z. B. wenn aus technischen Gründen für die Produktion erforderliche Rohstoffe nicht im genügenden Umfang beschafft werden können oder, was noch häufiger ist, wenn die technischen Produktionsmittel, Maschinen, Gebäude usw. überhaupt nicht oder nicht im Augenblick erstellt werden können. Bei einem so raschen Wachstum wie bei Ford ist das leicht denkbar.

Aber auch absichtliche Abweichungen vom Gewinnprinzip oder Umsatzprinzip sind möglich. So erzählt Ford, daß er grundsätzlich eine Erweiterung seines Betriebes nur mit Mitteln vornimmt, die ihm aus der Produktion selbst zugeflossen sind. In diesem Fall sind also die Elemente der technischen Einrichtung eines Betriebes maßgebend für den sich einstellenden Preis.

Blicken wir nochmals auf die bisherige Entwicklung zurück, so ist das theoretische Vorgehen zur Erklärung des Preises folgendes:

1. Feststellung von Preisänderungen mit der Zeit,
2. Feststellung der Absatzänderungen mit der Zeit,
3. Vermutung ursächlicher Beziehungen zwischen Preis und Absatzänderungen (Preisabsatzfunktion),
4. Möglichkeit eines Beharrungszustandes bei Wirkung des Prinzips des maximalen Umsatzes,
5. Ungenügen des Umsatzprinzips, Prinzip des größten Gewinnes,
6. Gewinn = Umsatz weniger Kosten,
7. Kostenfunktion.

Und nunmehr folgt noch die Analyse der Kostenfunktion.

Analyse der Produktionskosten.

Die Produktionskosten setzen sich aus mehreren zu trennenden Bestandteilen zusammen: aus Kosten für Material, für Entlohnung der Arbeitnehmer, für Maschinen und Gebäude. Diese Faktoren ändern sich naturgemäß mit der Produktionsmenge im gesamten. — Aber auch in ihrem anteiligen Verhältnis an der Produktion können sie Veränderungen unterworfen werden. Der Unternehmer wird sie auch tatsächlich solchen Veränderungen unterwerfen, wenn sie seinen Gewinn vermehren. Wie war nun diese Entwicklung bei Ford?

Zahl der Arbeiter.

Über die Zahl der beschäftigten Arbeitnehmer lesen wir, daß Ford im Jahre 1911 bei einer Produktion von 45000 Wagen 4100 Angestellte beschäftigte (das sind bei 300 Arbeitstagen und 8stündiger Arbeitszeit 11 Wagen pro Mann und Jahr = 216 Stunden pro Wagen), daß er 1914 bei rund 270000 Wagen 14000 Arbeitnehmer (= 19 Wagen pro Mann = 128 Stunden pro Wagen), 1920/21 bei 1250000 Wagen 50000 Arbeitnehmer (= 25 Wagen pro Mann = 96 Stunden pro Wagen) beschäftigte. Zur Veranschaulichung tragen wir diese Werte in einer Tabelle (S. 25), Spalte (h), ein, wobei wir die zeitlichen Zwischenwerte durch Interpolation berechnen. Der Übersicht halber tragen wir weiter in diese

Tabelle unsere früheren Ermittlungen und Angaben ein: Die Produktionsmenge (c), den Preis (d), den reduzierten Preis (e), den Teuerungsindex (b), den Umsatz (f), den reduzierten Umsatz (g).

Höhe der Löhne und Kosten.

Auch über die Höhe der Löhne macht Ford einige, wenn auch unklare Angaben, aus denen die Lohnsätze ebenfalls in die Tabelle, Spalte (i), eingetragen sind, die wir vermutlich als Durchschnittslöhne gelten lassen können. Als Lohnsatz mal Arbeitszahl mal Arbeitstage (300) läßt sich die Jahreslohnsumme Spalte (k) errechnen.

Betrachten wir dann die Materialfrage: Ford war ursprünglich ein Montagebetrieb, d. h. technisch-privatwirtschaftlich: er bezog sein Produktionsmaterial in ziemlich weit vorgearbeitetem Zustand, z. B. ganze Motoren, ganze Radsätze usw. Damit hatten die Maschinen, Gebäude, kurzum das feststehende Kapital einerseits wie auch die Arbeiter andererseits geringen Anteil an den Produktionskosten. Später wendet sich das Blatt und Ford hat Kohlengruben, Erzfelder, Eisenbahnen, Wälder, Glasfabriken usw. Zahlenmäßige Angaben über die Entwicklung gibt Ford nicht; allgemein ist folgendes zu sagen:

(a) Jahr	(b) Teuerungszahl	(c) Produktionsmenge (Wagen)	(d) Preis (Dollar pro Stück)	(e) Reduzierter Preis (Vorkriegsdollar pro Stück)	(f) Umsatz (Millionen Dollar pro Jahr)	(g) Reduzierter Umsatz (Millionen Vorkriegsdollar)	(h) Arbeitnehmer (Zahl)	(i) Lohnsatz (Dollar pro Arbeitstag)
1909/10	100	18664	950	950	18,8	18,8	2500	4
1910/11	100	34528	780	780	26,9	26,9	3000	4,2
1911		45000					4100	
1911/12	100	78440	690	690	54	54	5500	4,4
1912/13	100	168220	600	600	100	100	8500	4,5
1913/14	100	248317	550	550	137	137	12000	4,7
1914/15	96,7	308213	490	508	151	154	17000	5
1915/16	107	533921	440	410	236	218	22500	5,2
1916/17	128,4	785482	360	280	283	220	28000	5,3
1917/18	170	706584	450	265	318	187	33500	5,5
1918/19	203,2	533706	525	257	280	135	39500	5,7
1919/20	202,7	996660	520	221	518	250	45000	5,9
1920/21	208,2	1250000	400	200	500	250	50000	6
	gegeben	gegeben	gegeben	gegeben b/d	gegeben c/d	gegeben c/e	gegeben	gegeben

(k) Jahreslohnsumme (Dollar pro Jahr)	(l) Reduzierte Jahreslohnsumme (Vorkriegsdollar pro Jahr)	(m) Stehendes Kapital; nominal (Dollar)	(n) Umlaufendes Kapital; nominal (Dollar)	(o) Gesamtkapital; nominal (Dollar)	(p) Bruttogewinn; nominal (Dollar)	(q) Lohnsumme + Bruttogewinn; nominal (Dollar)	(r) Stoffkosten reduziert (Vorkriegsdollar)	(s) Stoffkosten pro Stück (Vorkriegsdollar)	(t) Jahr
3	3	11,2	10,8	22	4	1	12	650	1909/10
4	4	13	12	25	5,2	9	18	530	1910/11
7	7	16,6	14,4	31	9	16	38	480	1911/12
12	12	22,6	18,4	41	13	25	75	420	1912/13
17	17	31	24	55	19	36	101	400	1913/14
26	27	40,6	30,4	71	22	49	110	360	1914/15
35	33	53,2	39,2	98	30	68	150	280	1915/16
45	35	66,4	48,0	11,4	32	68	152	190	1916/17
55	21	77,8	53,6	133	32	53	134	190	1917/18
67	33	86	61	147	30	63	72	140	1918/19
80	40	130	15	205	75	115	135	135	1919/20
90	48	160	80	240	61	109	141	110	1920/21

Stoffintensiver Betrieb; kapitalintensiver Betrieb; arbeitsintensiver Betrieb.

Auf der einen Seite der möglichen Produktionsbetriebsformen steht der reine Handelsbetrieb, bei dem die Produktionskosten (in weiterem Sinne das, was der Betrieb für die Ware aufwendet), fast ganz im Warenmaterial stecken, während das Erzeugungskapital (Gebäude, vielleicht einige Werkzeuge, z. B. in einigen Konfektionsverkaufsgeschäften ein paar Nähmaschinen) und ebenfalls die verhältnismäßig wenigen Arbeiter in ihrer Bedeutung zurücktreten. Auf der anderen Seite der Entwicklung steht der Großindustriebetrieb, der, wie später Ford, in „vertikaler Gliederung“ vom physikalischen Rohstoff (Kohle, Erz, Glas, Holz) bis zum Verkaufshaus, ja bis zur Reparaturwerkstatt und zum Garagehaus alles in Händen hat. Auf dem Wege dahin gibt es eine Reihe von Zwischenstadien. Es ist nicht ganz einfach, einen solchen Betrieb, der hochqualifiziertes Ausgangsmaterial verwendet, zu kennzeichnen. Kürzen wir das Wortungeheuer: „Rohstoffqualitätsintensiv“ kurz ab in „Stoffintensiv“ und setzen es in Gegensatz zu den bekannten „arbeitsintensiven“ Betrieben und den „kapitalintensiven“ Betrieben. Auch zwischen den letzten beiden Faktoren ist eine Abstufung möglich, und die Entwicklung geht so lange vom arbeitsintensiven zum kapitalintensiven Betrieb, als der technische Fortschritt und die Entwicklung des Maschinenproblems den Ersatz menschlicher Arbeit als wirtschaftliches Ergebnis rechtfertigt. Hier zeigt sich nun der Zusammenhang der Größen: Es ist Sache des Technikers, für jede Produktionsmenge zu berechnen, welche Rohstoffe und in welcher Menge sie benötigt werden, wieviel stehendes Kapital (Maschinen und Gebäude) und wieviel Arbeiter erforderlich sind; eine Unzahl von Kombinationen sind möglich, je nachdem die Stoffintensität, die Kapitalintensität oder die Arbeitsintensität überwiegt.

Die Fordsche Kapitalentwicklung.

Sehr erhebliche Schwierigkeiten bereitet die Kapitalfrage: Bei Ford können wir hierüber nur wenig zwischen den Zeilen lesen: 28000 Dollar war das eingebrachte Anfangskapital gewesen, alles weitere wurde durch Produktion verdient. Das Nominalkapital war 100000 Dollar. Im Jahre 1919 war der Kurswert nach Fords Angabe 12500%. Der Börsenwert wäre demnach 12,5 Mill. Dollar gewesen! Ford hat offenbar eine Null vergessen, denn so stimmt das nicht. Schon im Jahre 1909 hatte Ford bei einem Patentprozeß als Sicherheit den Besitz von 12 Mill. Dollar Obligationen aufgewiesen. Die Zahl 12500 % stimmt auch nicht mit den weiteren Angaben überein, daß Fords Sohn die 41% in fremden Besitz befindlichen Anteile um 75 Mill. Dollar kaufte. Hieraus würde sich, wie das richtig sein würde, ein Kapital von 183 Mill. Dollar ergeben.

In der Zeitschrift: Amerikanische Stimmen, 1925, Heft 2, S. 25 ist die ursprüngliche Teilhaberliste und das finanzielle Schicksal der Anteile veröffentlicht; dort wird mit einer Steigerung vom 10000fachen des Nominalbetrages gerechnet, so daß wir 1925 rund 1 Milliarde rechnen könnten.

Nicht das ganze Geld steht aber in der von uns betrachteten Fabrikation des Fordwagens, so wenig wie es rein aus ihr entstand. Ford war auch Kriegsindustrieller, baut andere Autosysteme und so fort.

Schon aus den Unterschieden in der Kapitalbewertung wird erklärlich, daß es nicht nur eine steuerliche Finte ist, wenn ein

Großunternehmer behauptet, er wisse nicht, wie groß der Kapitalwert seiner Anlage sei. Würde Ford den kapitalisierten Ertragswert seines Unternehmens aus dem mit üblichem Zinsfuß, sagen wir 5%, kapitalisierten Gewinn schätzen, so hätte es 1919 bei etwa 30 Mill. Dollar Gewinn etwa 600 Mill. Dollar betragen. Die Wertberechnung der Industrieanlage ist jedenfalls eines der schwierigsten Kapitel der Privatwirtschaftslehre.

Das ist bei der Beurteilung des Zahlenmaterials wohl zu beachten. Auch hier drängt uns die Unsicherheit der Tatsachen in das Land der theoretischen Erwägungen.

Kapital.

Zunächst haben wir zu unterscheiden zwischen dem festen Kapital, das in den Gebäuden und Maschinen angelegt ist, und dem umlaufenden Kapital, das in den Rohstoffen, den Löhnen und dem noch nicht verkauften Fertigfabrikat steckt. Das stehende Kapital hat die Eigenart, nicht sofort in der Produktion unterzugehen wie Rohstoff und Lohn. Es wird im allgemeinen erst nach mehreren Jahren verschleißt sein, wobei Gebäude wesentlich länger halten als Maschinen. Bei dem forcierten Fordschen Betrieb wird man mit einer nur fünfjährigen Lebensdauer des festen Kapitals rechnen können und demnach etwa rund 20% von dem Geldwert abschreiben müssen. Diese Abschreibungen sind als Bestandteile der Kostenfunktion zu betrachten.

Gewinn.

Berücksichtigt man, daß Ford so wenig Dividende als möglich verteilte, sondern alles verdiente Geld in den Betrieb steckte und damit ihn verbesserte, das heißt das Kapital erweiterte, so dürfte man zunächst auch annehmen, daß das feste Kapital um einen Betrag vermehrt wird, welcher dem üblichen durchschnittlichen Gewinnanteil eines derartigen Unternehmens am Umsatz entspricht, das dürften etwa 10% sein.

Angaben darüber, wie sich diese Kapitalentwicklung tatsächlich vollzieht, finden sich bei Ford nicht.

Eine weitere Bemerkung findet sich noch in den Wirtschaftsstimmen, daß nämlich ein Teilhaber von 10500 Dollar Kapital rund 10 Mill. Dividende erhalten hat, bis er den Anteil um 26 Mill. Dollar an Ford zurückverkaufte. Nach dieser Zusammenstellung hat Ford rund 136 Mill. Dollar an die Anteilhaber für ihre Anteile bezahlt.

Mittels der Berechnung mit dem um 20% verringerten Kapital des Vorjahres minus 10% des Jahresumsatzes erhielte man folgende Entwicklung des festen Kapitals:

Entwicklung des festen Kapitals:

Jahr	Festes Kapital (Buchwert) Mill. Dollar	Auf Friedensdollar reduziert (Realwert) Mill. Vorkriegsdollar	Friedenswert mal Teuerungsindex (Nominalwert) Mill. Dollar
1909	12 Mill.	—	
1910/11	12 — 2,4 + 2,7 = 12,3	—	
1911/12	12 — 3,5 + 5,4 = 15,2	—	15
1912/13	15 — 2,3 + 10,2 = 22	—	22
1913/14	22 — 2,4 + 413,7 = 31,5	—	31,5
1914/15	31 — 5,3 + 15,1 + 40,3	31,5 — 3,15 + 4 + 40	40
1915/16	40 — 3,8,1 23,6 = 55,8	40,6 — 8,1 + 21,8 = 54,3	60
1916/17	55,8 — 11,2 + 28,3 = 72,9	54,3 — 10,9 + 22 = 65,4	82
1917/18	72,9 — 14,6 + 31,8 = 90,1	65,4 — 13,1 + 18,7 = 70,0	120
1918/19	90,1 — 18 + 28 = 100,1	70 — 14 + 13,5 = 69,5	140
1919/20	100 — 20 + 52 = 132	69,5 — 14 + 25 = 80,5	160
1920/21	132 — 56 + 50 = 156	80,5 — 16 + 25 = 89,5	180

Es ergibt sich zunächst im großen und ganzen anscheinend keine allzu schlechte Übereinstimmung der obigen Kapitalwerte zwischen 1918/19 und 1919/20 mit den aus dem Wert der Restaktien errechneten 183 Mill. Dollar.

Umlaufendes Kapital.

Aber zu dem berechneten festen kommt noch das umlaufende Kapital, bei dessen Feststellung wir erst recht auf Schätzungen angewiesen sind. Es hängt ab von der Lohnsumme, den Materialkosten und der Raschheit des Umschlags. Für das Jahr 1920 bemerkt Ford, daß er 20 Mill. Dollar bei der Bank stehen hatte, daß das Lager, in das wohl das in der laufenden Produktion steckende Material inbegriffen ist, von einem Wert von 60 Mill. auf 40 Mill. Dollar herabgesetzt wurde, wobei der Zyklus der Produktion von 22 auf 14 Tage zurückging.

Lohnkosten berücksichtigen wir für die Frage der Kapitalbeschaffung nicht. Die Arbeiter werden am Ende ihrer Arbeit ausbezahlt; Vorschüsse sind selten. Die investierten Lohngelder werden bei der Berechnung des Fertigfabrikats mitgerechnet, wo sie „drinstecken". Sie sind auch gegen den Materialwert nicht bedeutend.

Rechnet man 40 bzw. 60 Mill. Dollar Lagermaterialkosten und eine ebenso große Summe für die noch nicht abgesetzten Kraftwagen, so ergibt sich hieraus für das Jahr 1920 eine Summe von 80 bzw. 120 Mill. Dollar (das sind reduziert 40 bzw. 60 Mill. Friedensdollar) umlaufendes Kapital.

Auch hier, beim umlaufenden Kapital, läßt sich der Anteil nicht berechnen; wir sind vielmehr auf Schätzung angewiesen, und zwar in noch höherem Grad als beim festen Kapital.

Diese zahlenmäßig zu schätzende Entwicklung des stehenden und umlaufenden Kapitals und der Stoffkosten ist in mehrfacher Richtung gebunden. Erstens muß sie den aus den Ausgaben Fords erschlossenen Zahlenwerten für bestimmte Jahre angepaßt werden.

Zweitens stehen die Größen in jenem funktionellen Zusammenhang, den der Mathematiker durch Gleichungen ausdrückt.

Gleichungen sind formale Gesetze. Ein solches lautet: Einnahmen = Ausgaben + Gewinn (Verlust ist negativer Gewinn) oder genauer: Einnahmen = Lohnkosten + Stoffkosten + Abschreibungen + Gewinn.

Da nun aber Ford im wesentlichen den Gewinn in das Unternehmen hineingesteckt hat, so gilt die Gleichung: Einnahmen = Lohnkosten + Stoffkosten + Abschreibungen + Kapitalzuwachs.

Sind nun alle Größen mit Ausnahme einer, z. B. der Stoffkosten, gegeben, so kann diese aus der Gleichung errechnet werden. Sind alle Größen (auch die Stoffkosten) gegeben, so muß die Gleichung erfüllt sein. Ist sie das nicht, so liegt auch realiter ein Fehler vor.

Das ist die eine Seite der mathematischen Gebundenheit.

Nun kommt noch weiter hinzu, daß wir ganz bestimmte Entwicklungstendenzen des Betriebes zu beobachten haben, d. h. bestimmte Änderungen im Verhältnis der Größen zueinander.

Die Kapitalintensität des Fordschen Betriebes ist offenbar gestiegen, die Arbeitsintensität und Lohnintensität ist gefallen, die Stoffintensität ist ebenfalls gefallen.

Die Größen müssen also (in horizontaler, statischer Beziehung) die Gleichung erfüllen und (in vertikaler, kinetischer Beziehung) der Intensitätsverschiebung entsprechen. Konkret gesprochen muß die Kapitalvermehrung größer sein als die Vergrößerung der Stoff- und Lohnkosten und in weiterer Folge muß die Vermehrung des festen Kapitals größer sein als die des umlaufenden Kapitals. Die Zunahme des festen und umlaufenden Kapitals wurde so angenommen, daß sich aus der Gleichung Stoffkosten = Umsatz — Lohnkosten — Kapitalabschreibung — Kapitalzuwachs eine geringere Steigerung der Stoffkosten ergibt als die des festen Kapitals.

Solange uns diese errechnete Entwicklung nicht wahrscheinlich erscheint, solange müssen wir die Zahlen ändern und dabei z. B. größere Gewinnquoten als bisher annehmen, kurzum so lange Änderungen vornehmen, bis sie alle Funktionen befriedigen. Hätten wir die Bücher der Firma, so wäre die Sicherheit wesentlich größer, obwohl immer bezüglich der Abschreibungsquote Willkürlichkeiten möglich sind.

Eine hiernach vorgenommene befriedigende Lösung ist in die Zahlentafel S. 26 eingetragen. Sie beruht auf der Annahme, daß das feste Kapital um jährlich rund 6% des Umsatzes, das umlaufende Kapital um 4% des Umsatzes vergrößert wird, daß die Abschreibungen vom stehenden Kapital 20% beträgt und daß alle diese Beträge aus dem Gewinn gedeckt werden, ihn aber auch vollständig verschlingen. Nur für die Jahre 1919/20 und 1920/21 ist eine wesentlich größere Vermehrung des Kapitals vorgesehen, damit unsere Annahme erfüllt ist, daß nämlich die Kapitalintensität zugenommen hat, die Arbeits- und Stoffintensität dagegen abgenommen hat. Aus der Zeichnung (Abb. 11) sehen wir den angenommenen Verlauf der tatsächlichen Entwicklung.

Das was wir suchen, eine Erklärung des Preises und Absatzes, finden wir aber in dieser Zeichnung nicht genügend deutlich. Die Zufälligkeiten und Störungen sind geeignet, das Bild zu verwirren.

Es wäre zweifellos interessant, wenn Ford die Ziffern seiner Entwicklung veröffentlichen würde. Es ist jedoch erklärlich, daß durch größere oder kleinere Änderungen an den Zahlen das Verständnis für die qualitativen Zusammenhänge, die wir suchen, nicht wesentlich größer wird.

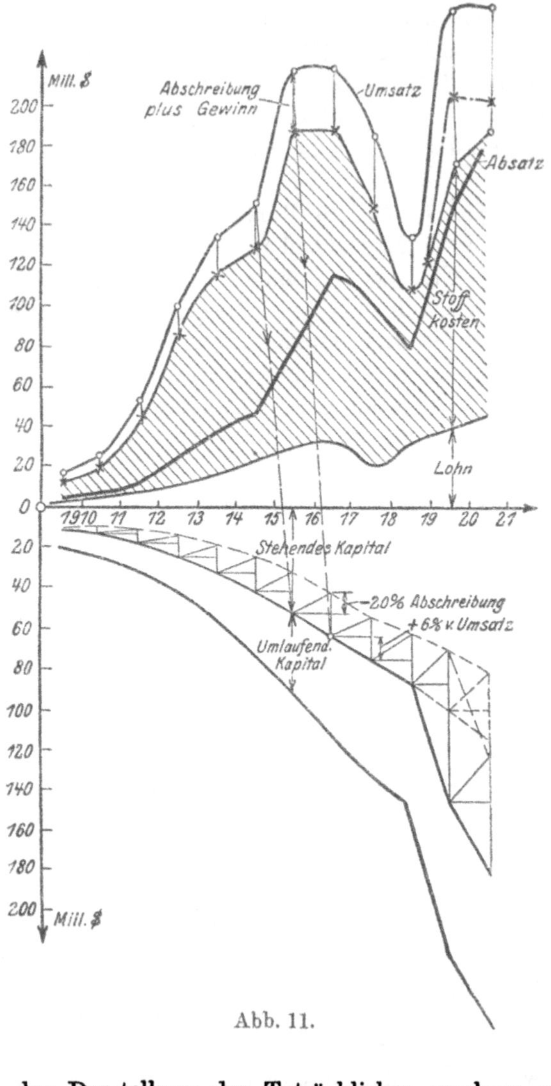

Abb. 11.

Mit der Darstellung des Tatsächlichen wachsen auch die Schwierigkeeitn ins Unübersehbare. Ford hat ja während des Krieges nicht nur Kraftwagen hergestellt, sondern auch Munition.

Er hat seine Typen erweitert und zerstreut sich von Jahr zu Jahr mehr. Damit tritt das Zurechnungsproblem auf: Wieviel des Gesamtertrages verteilt sich auf die einzelnen Produktionssparten, -teile und -faktoren?

Abgesehen von dieser Frage, ob eine reale Darstellung überhaupt gegeben werden kann, muß die Theorie aus pädagogischen Gründen vom Einfachen zum Verwickelten fortschreiten und muß dabei unwirklich werden, muß isolieren und abstrahieren.

Demgemäß versuchen wir von diesen tatsächlichen Zahlen und Störungen abzusehen und in einer abstrakten theoretischen Zeichnung die Entwicklung in großen Linien darzustellen, die dann auch dazu dient, Folgerungen, die über den bisherigen Verlauf der Kurve hinausgehen, zu ziehen. Dies ist in Abb. 12 geschehen.

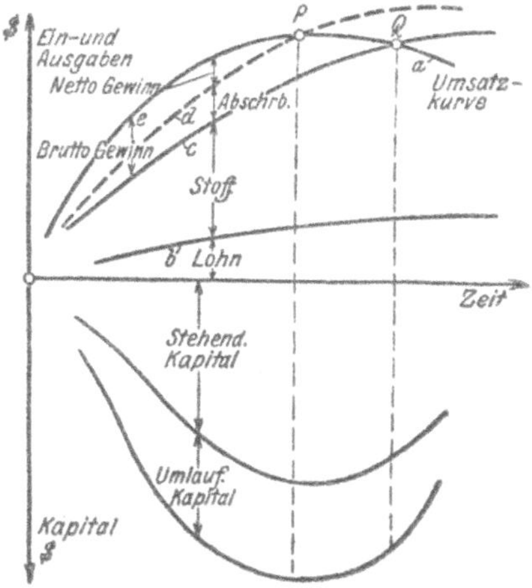

Abb. 12.

Als Linie *a* ist eine mit der Zeit zunächst stärker, dann aber weiterhin immer schwächer steigende, das heißt nach unten hohle Umsatzkurve *a* eingetragen, wie wir sie auch bei Ford weiter oben feststellen konnten. Von dieser Umsatzkurve oder Einnahmekurve ist die ebenfalls immer weniger steigende Lohnkurve *b* abzuziehen. Außer *b* ist die ebenfalls immer weniger steigende Stoffkostenfunktion *c* abzuziehen; ferner ist als dritte Funktion *d* die Kurve der Ausgaben für die Erneuerung des festen Kapitals, also die Abschreibungsrücklage, von *a* abzuziehen, welche einen dem festen Kapital verhältnisgleichen Betrag (20%) ausmachen soll. Der Bruttogewinn *e* errechnet sich als Rest dadurch, daß von der Umsatzkurve *a* die Lohn- und Stoffkostenkurve *b* und *c* abgezogen wird. Es ist die zwischen *a* und *c* liegende Fläche. Der Nettogewinn *f* errechnet sich daraus, daß von der Umsatzkurve *a* die Lohnkurve *b*, Stoffkostenkurve *c* und Abschreibungskurve *d* abgezogen wird. Er ist also dargestellt durch die zwischen der *a*- und der *d*-Kurve liegenden Fläche. Die Funktion des Kapitals ist hierdurch bestimmt, insofern der Nettogewinn *f* ihm am Jahresende jeweils zugeschlagen wird, und zwar zum größeren Teil dem festen Kapital. Hier liegt nun aber wiederum eine Abhängigkeit zweiten Grades vor, indem ja die Abschreibungsfunktion *d* von der Größe des festen Kapitals abhängt und vom Bruttogewinn *e* um so mehr wegnimmt, je größer das stehende Kapital ist. Jedoch bildet das keine rechnerischen Schwierigkeiten, nur muß die Rechnung mehrmals wiederholt werden, bis alles stimmt.

Solange der Bruttogewinn *e* größer ist als die Abschreibung *d*, wird das Kapital vergrößert. Wie lange das der Fall ist, hängt von dem Verlauf der Kurven ab. Wir vermuten aber aus der Gestalt der Umsatzfunktion, daß in der Regel die Umsatzkurve ihren Höhepunkt früher erreicht haben wird als die vereinigten Kostenfunktionen *b*, *c* und *d*.

Die kleine schematische Abb. 12 veranschaulicht dann aber auch die weitere Entwicklung über den Gleichgewichtspunkt hinaus, und das ist ja der typische Vorteil der theoretischen Betrachtung, daß sie auch das Jenseits des real wichtigen Aktuellen beschreibt. Das Kapital nimmt im Punkte *P* nicht mehr zu und dann sogar ab.

Unter der Geltung des Prinzips „Kapitalvergrößerung nur aus Gewinn", das wir für Ford als typisch angesehen haben, würde sich also ein Gleichgewichtszustand auf dem Punkt *P* einstellen, wenn man annimmt, daß zu einer Vergrößerung der Produktion auch ein größeres stehendes Kapital vorhanden sein muß.

Eine Vergrößerung des Absatzes durch Verbilligung des Preises wäre dann nur im kinetischen Verlauf der Wirtschaft dadurch denkbar, daß die Technik lehrt, mit dem gleichen oder weniger Kapital und mit dem gleichen oder weniger Aufwand mehr zu erzeugen.

Es wäre nun möglich, auf Grund der Abb. 12, zwecks weiterer theoretischer Untersuchungen, die einzelnen Kurven zu verändern und die Wirkung dieser Veränderung auf die Verschiebung des Punktes *P* zu untersuchen, so z. B. die Veränderung der Lohnkurve (wenn es gelingt, durch niedrigere Löhne und Lohnausgaben dieselbe Arbeitsleistung vom Arbeiter zu erhalten oder umgekehrt zu untersuchen, ob eine Erhöhung der Löhne und der Jahreslohnsumme von so erheblicher Bedeutung ist, daß andere Schwierigkeiten und Risiken (Streik usw.) in Kauf genommen werden sollen).

Immer jedoch sehen wir, daß statt des Prinzips des größten Gewinnes auch ein anderes Prinzip (z. B. das des größtmöglichen Absatzes) als Leitmotiv angenommen werden kann, welches aber seinerseits wieder zu einem, wenn auch anderen Gleichgewichtszustand führen kann.

Intensität.

Bei dieser Gelegenheit kann auf eine wichtige, begriffliche Eigenheit der Wirtschaftsmechanik hingewiesen werden. Nehmen wir an, daß statt der bisher betrachteten Jahreserzeugung nunmehr eine monatliche, tägliche, stündliche, sekundliche Erzeugung betrachtet würde, so können wir die Mengen immer mehr als Stromintensitäten betrachten, z. B. von einer Produktionsintensität von 0,14 Kraftwagen in der Sekunde, von einem Kapitalzuwachs von 6 Dollar in der Sekunde, einer Umsatzintensität von 30 Dollar in der Sekunde sprechen. Das exakte mathematische Maß hierfür ergibt sich aus der Neigung der Tangente an die betreffende Kurve, welche die Menge pro Zeiteinheit in beliebigem Maßstab darstellt.

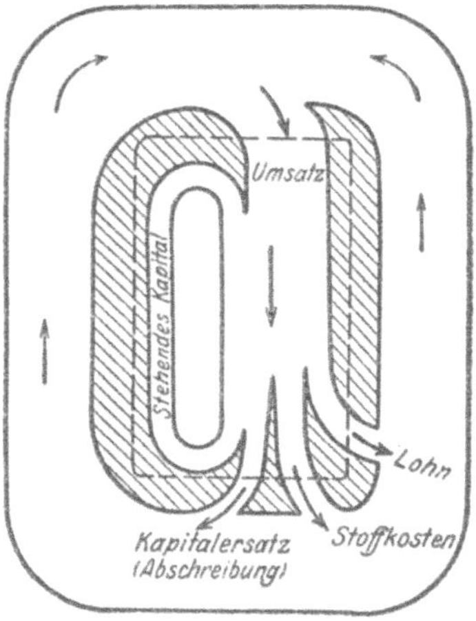

Abb. 13.

Diese Strömungsintensitäten lassen sich, wenn man eine Analogie zu Hilfe nimmt, auffassen als die Tätigkeiten eines Pumpensystems, (Abb. 13) eines Herzsystems, das aus dem allgemeinen Wirtschaftsstrom das Wirtschaftselement (meßbar in Geld) ansaugt und dann wieder in verschiedenen Kanälen als Stoff, Lohn und Erneuerungsausgaben in das allgemeine Wirtschaftssystem abgibt, wobei das feste Kapital einen Kreislauf in der eigenen Wirtschaft darstellt, dabei aber selbst maßgebend ist für das Wachstum des ganzen kardialen Systems.

In Abb. 14a—d ist dargestellt, wie die einzelnen Pulsschläge sich Jahr für Jahr vollziehen. Aus ihr können wir erstens ersehen, in welchem Tempo die Entwicklung auf Grund der bekannten oder angenommenen Kurven fortschreitet, zweitens aber können wir dem Problem näherrücken, wie der Unternehmer den Nettogewinn auf das feste und umlaufende Kapital verteilt, letzten Endes, wie er sich bezüglich der Arbeitsintensität, Stoffintensität und der Intensität des stehenden Kapitals verhält. Für das Aus-

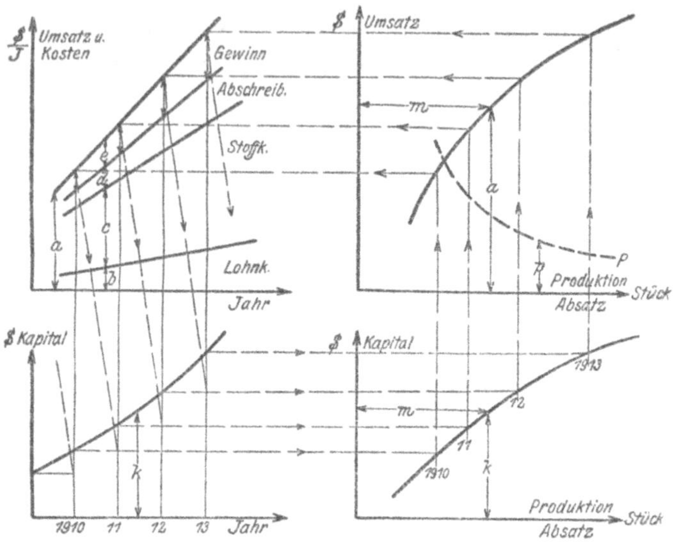

Abb. 14a—d.

gangsjahr nehmen wir den Umsatz a, die Lohnkosten b, Stoffkosten c, Abschreibungsquote d, Höhe des festen und umlaufenden Kapitals k als Ausgangspunkt gegeben an. Es ergibt sich ein Reingewinn von e_{10} Dollar, der zur Neuinvestierung verfügbar wird. Hieraus ergibt sich für 1911 die Vergrößerung des Kapitals von k_{10} auf k_{11} (Abb. 14b). Die mit k_{11} im günstigsten Fall erzeugbare Produktionsmenge ist in Abb. 14c eingetragen, so daß zu jeder beliebigen Kapitalmenge die zugehörige Produktmenge abgelesen werden kann. Sie ist für $k_{11} = m_{11}$. Damit diese Menge m_{11} abgesetzt wird, muß der Preis nach der Preisabsatzfunktion (Abb. 14d) $= p_{11}$ sein, wodurch die Umsatzgröße a_{11} und der Reingewinn e_{11} für das Jahr 1911 bestimmt ist. Daraus aber ergibt sich k_{12} zu $k_{11} + e_{11}$, und das Spiel beginnt von neuem.

Produktionskostenminimum.

Wir haben bisher stillschweigend vorausgesetzt, der Betrieb sei so eingerichtet, daß die Produktionskosten jeweils ein Minimum wären. Die Art und Grundlage dieser Berechnung ist jedoch noch zu klären. Wir wissen und haben mehrfach darauf hingewiesen, zunächst, daß sich die Produktionssteigerung aus drei Richtungen entwickeln kann, im lohnintensiven System vorzugsweise durch Vermehrung der Arbeit, im stoffintensiven Betrieb dadurch, daß die Ausgangssubstanz in immer veredelterem vorgearbeiteten Zustand verwendet wird, im kapitalintensiven Betrieb dadurch, daß das stehende Kapital intensiviert wird, sei es nach Größe oder Güte.

Produktionsmengen-, Kapital-, Arbeits-, Stoffmengenfunktion.

Der Techniker ist imstande, und das ist in der wirtschaftlichen Produktionsordnung seine Hauptaufgabe, aus seinen Kenntnissen die Produktionsmöglichkeiten und Produktionserfordernisse zu berechnen, insbesondere wieviel von jedem dieser Produktionsfaktoren vorhanden sein muß für die Erzeugung einer bestimmten Menge, und zwar in verschiedenen Kombinationen je nach der Richtung der Intensität. Umgekehrt kann er sagen, wie groß die Produktionsmenge ist, die mit einer gegebenen festen Kapitalmenge, einer gegebenen Rohstoffmenge, einer bestimmten Arbeitsmenge erzeugt werden kann. Durch Auftragung dieser errechneten Werte erhält man z. B. ein Schaubild wie Abb. 15.

Hier ist für eine bestimmte Stoffintensität ausgerechnet, wie groß die mit einer gegebenen Menge Arbeit und einer gegebenen Menge festen Kapitals erzeugbare Produktion ist und wie für die gleiche Produktionsmenge der eine Faktor vergrößert werden muß, wenn der andere verringert wird. Dabei wird dieselbe Menge mit einer Reihe von Kombinationen vom kapitalintensiven bis zum arbeitsintensiven Betrieb hergestellt werden können. Für jede Kombination von Stoffintensität, Arbeit und Kapital läßt sich die Produktionsmenge in Abb. 15 angeben. Für jede dieser Kombinationen läßt sich aber weiter der Aufwand an Geld berechnen. Hierfür müssen wir allerdings noch folgende Funktionen als gegeben ansehen.

1. Die Arbeitsmengen-Lohnkostenfunktion.

2. Die Stoffintensitäts- und Stoffmengenkostenfunktion.

3. Die Kapitalmengen-Zinsfunktion.

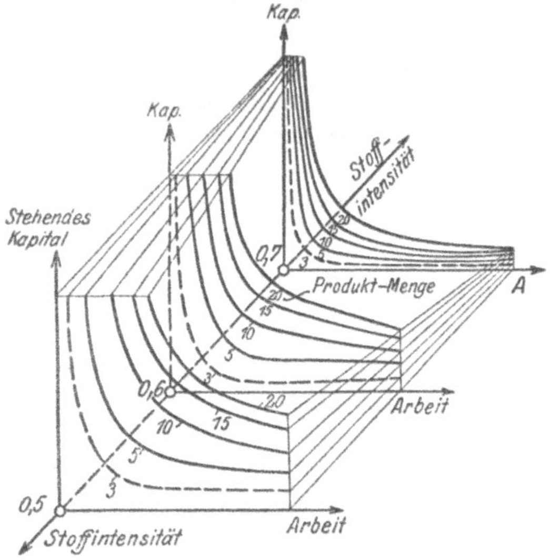

Abb. 15.

1. Die Arbeitsmenge-Lohnkostenfunktion. Sie hat wohl im allgemeinen zunehmend steigende Tendenz; um mehr Arbeiter zu erhalten oder aus ihnen mehr Arbeitsleistung zu erzielen, muß der Lohn erhöht werden.

2. Die Stoffaufwandsfunktion ist fixiert nach zwei Richtungen:

a) Nach der Stoffmenge, b) nach der Intensität.

Für die Stoffmenge haben wir ein technisch natürliches Maß, die Größe, die Menge, das Gewicht; für die Stoffintensität wird ein solches schwer zu beschaffen sein. Wie sollen wir z. B. bei der Kraftwagenerzeugung messen, um wieviel größer die Stoffintensität ist, wenn der Motor fertiggekauft wird gegenüber der Herstellung in der eigenen Fabrik. Ein technisches Maß hierfür gibt es nicht, und so muß man zu dem wirtschaftlichen Maß Zuflucht nehmen. Geht man von den augenblicklich geltenden Verhältnissen aus und bezeichnet mit Stoffintensität den Quotienten: Rohstoffkosten zu Fertigverkaufspreis, so kann man für die augenblickliche Produktion die technische Vervollkommnung des Rohstoffes feststellen. Dieser bezüglich der Güte damit bestimmte Stoff wird aber bei größerem oder kleinerem Bezug seinen Preis ändern, und wir erhalten nun für die verschiedenen statischen Stoffintensitäten neue Stoffkostenfunktionen abhängig von der Menge. Ist also z. B. der Preis des Wagens 300 Dollar, sind ferner die Stoffkosten 150 Dollar, und zwar bei einer Stoffmenge von 100000 Wagen, so ist die Intensität 0,5. Der Preis dieser technischen Qualität des Rohstoffes mag nun mit zunehmendem Umfang des Geschäftes sich ändern, z. B. folgendermaßen: bei 200000 Stück auf 140, bei 300000 auf 130, bei 400000 wieder auf 140, bei 800000 auf 170, bei 1 Million auf 220 Dollar. Für eine Stoffintensität von 0,6, d. h. für eine solche Vorbearbeitung des Ausgangsmaterials, das seinen Preis an 180 Dollar bei einem Verkaufspreis des Wagens von 300 Dollar ist, würden wir andere Zahlen erhalten, die sich z. B. in der folgenden Tabelle darstellen mögen:

Bei einer Produktion von 100000 Stück: Preis pro Wagen	Stoffkosten in Dollar	Stoffintensität	Bei einer Produktion von Stück 150000 — Stoffkosten pro Wagen in Dollar	300000	400000	500000	600000
300	150	0,5	140	130	140	170	220
300	180	0,6	165	155	165	200	370
300	210	0,7	190	180	195	230	300

Hierbei wurde wieder angenommen, daß in der Nähe des statischen augenblicklichen Preises sich die Stoffkosten bei größerem Absatz zunächst verringern, während bei einem sehr erheblich forcierten Bedarf eine Preissteigerung angenommen ist.

3. Als dritte Funktion kommt die Kapitalzinsfunktion in Betracht. Hier scheidet sich das Fordsche System von dem üblichen kapitalistischen System. Der kapitalistische Unternehmer will maximale Verzinsung und wendet sein Kapital dorthin, wo er diese maximale Verzinsung erhält. Hierin ist er nicht an seinen Betrieb gebunden und zieht unter Umständen umlaufendes Kapital aus ihm heraus und verwendet es anderweitig. Er ist aber auch nicht an sein Betriebskapital gebunden, sondern zieht fremdes

Kapital heran, soviel er bekommt, wenn nur damit eine größere Verzinsung seines eigenen Kapitals bei der Gewinnausschüttung des Unternehmens zu erwarten ist. Somit hängt die Beschaffenheit von Kapital derart von dem Zinssatz ab, daß der Unternehmer desto mehr Kapital veranlassen kann, in seinen Betrieb hineinzudringen, je höher der Zinssatz ist, den er bezahlt. Genau genommen hat diese Kapitalzinsfunktion einen negativen Ast, der besagt, daß bei einem gewissen Zinssatz das Kapital negativ wird, d. h. daß das Kapital bei zu niedriger Rentabilität aus dem Betrieb hinausstrebt. Durch das Prinzip, das Ford verfolgt, insofern er weder ausleiht noch entleiht, wird das System grundsätzlich vereinfacht. (In Wirklichkeit wird auch hier — wie gesagt — nur mit Wasser gekocht; Ford nimmt aus der Kraftwagenproduktion Geld heraus und investiert es in anderen Produktionszweigen, Traktoren, Kunstdünger.)

Ein vereinfachtes System haben wir, insofern wir in dem Bild der Produktionsfunktionen nicht die Kosten sämtlicher Kombinationen zu untersuchen haben, sondern nur die Kosten für bestimmte Kapitalmengen, welche als gegebene Größen aus dem Vorjahr übernommen sind, und für diese eben ist nun die billigste Kombination von Stoff- und Arbeitsintensität herauszusuchen.

Aus der gegebenen Produktionsfaktorenfunktion, Arbeitsmengenlohnfunktion, Stoffintensität-Stoffmengen-Stoffpreisfunktion und der aus dem Vorjahrkapital, dem Gewinn und der Abnutzung festgestellten Kapitalmenge läßt sich also das Kostenminimum berechnen, das für den Fordschen Betrieb maßgebend ist und welches Lohnkosten und Stoffkosten bestimmt.

Gleichgewicht im kapitalistischen System.

Für den allgemeinen kapitalistischen Betrieb ist die Kostenberechnung nur insofern umständlicher, als hier die Kapitalmenge nicht wie bei Ford kinetisch aus dem Vorjahr bestimmt ist; es müssen vielmehr für eine Reihe von Kapitalgrößen, also für eine Reihe von Horizontalschnitten durch das Bild 15 die Kosten ermittelt werden; der kapitalistische Produzent wird dann die Erzeugung jeder bestimmten Menge mit der Kombination von Arbeit, von Stoffintensität — aber auch von Kapital — produzieren, welche die geringsten Kosten verursacht.

Dabei ist er, wie erwähnt, grundsätzlich nicht auf sein Eigenkapital angewiesen, sondern er wird sich Fremdkapital dazu leihen. Dafür ist bestimmend sein kapitalistisches Grundprinzip, welches verlangt: größte Verzinsung des eigenen Kapitals. Wird durch irgendein Unternehmen ein höherer Zins geboten, als er ihn aus den eigenen Betrieb herauswirtschaften kann, so gibt er sogar, wie erwähnt, sein Kapital grundsätzlich, d. h. soweit das technisch möglich ist, ab.

Es kann aber auch und wird wohl meist das Gegenteil der Fall sein. Der Unternehmer wird für Leihkapital weniger Zins zahlen müssen, als er aus dem Betriebskapital herausschlägt. Das hängt aber u. a. von dem eigenen technischen Fortschritt ab im Vergleich zum Fortschritt der allgemeinen Wirtschaft.

Nach obigem haben wir also mehrere Fälle zu unterscheiden:

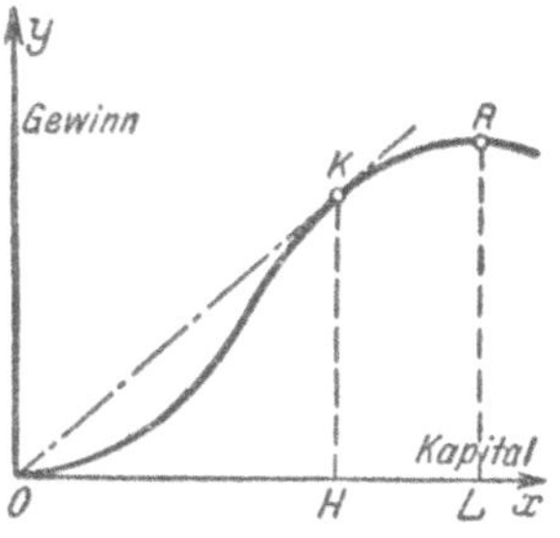

Abb. 16.

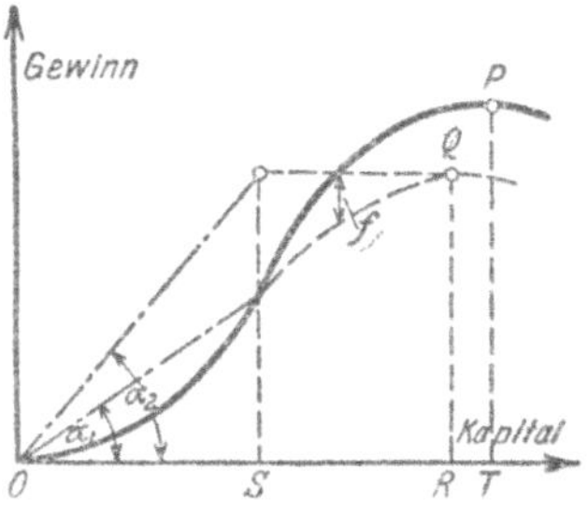

Abb. 17.

a) Der kapitalistische Unternehmer verfügt für den Betrieb über beliebig viel Eigenkapital. Er verlangt den Punkt der größten Verzinsung zu wissen, um hierauf seine Produktion einzustellen. Man trägt zu jeder Kapitalmenge $x_1, x_2, x_3, \ldots$ (Abb. 16) die maximal erreichbaren Gewinne $y_1, y_2, y_3, \ldots$ auf und merkt sich die jeweils zugehörige Produktionsmenge. Der Punkt K der größten Verzinsung ist dann bestimmt durch die Tangente t, welche vom Nullpunkt an die Gewinnkurve gezogen wird; denn bei jeden anderen Punkt, insbesondere auch im Punkt R des Gewinnmaximums, ist der Zinssatz $\frac{y}{x}$ kleiner.

b) Ist nicht so viel Eigenkapital vorhanden, wie das rechnerisch für das Verzinsungs- oder das Gewinnoptimum erforderlich wäre, so entleiht der Unternehmer so lange, als damit die Verzinsung seines

Eigenkapitals gesteigert wird. Die Gewinnfunktion wird dann vom Punkt S an (Abb. 17), wo das Fremdkapital hinzukommt, um die Fremdkapitalkosten f verringert, aber der Gewinn y wird unter Umständen zunächst noch bis Q steigen. Dann wird die Verzinsung des Eigenkapitals α_2 durch die Hinzuziehung von fremdem Kapital größer als ohne solche α_1, und zwar eben dann, wenn der Gewinnzuwachs größer ist als der zu zahlende Leihzinsbetrag.

c) Der Unternehmer kann rückwärtsgehend feststellen, wo die günstigste Verzinsung des eigenen Betriebskapitals, das nun einmal statisch gegeben ist, bei Zuziehung von Fremdkapital liegt, wenn er selbst eine günstige Anlagequelle hat, um es auszuleihen.

Darin liegt eine Funktion des allgemeinen Zinssatzes, daß er das privatwirtschaftliche Optimum zum volkswirtschaftlichen hindrängt. Das Kapital fließt nach der größten Verzinsung, und dieser Vorgang schließt die Einzelwirtschaften aneinander und bringt das Gleichgewicht einer optimalen Produktion.

Dieser Mechanismus ist bei Ford gestört. Einem Betrieb gegenüber, der die Überschüsse zur Neuinvestierung benutzt, ist nach Ansicht Fords ein solcher Betrieb im Nachteil, der vom Erträgnis zu den Lohn- und Stoffkosten noch Kapitalleihzins aufbringen muß. Wie wir sahen, kann das der Fall sein, und es wird im allgemeinen bei einem Betrieb zutreffen, dessen Erzeugung nahe dem Optimum liegt (oder von dem ein hoher Leihzins bezahlt werden muß). Dort, wo übrigens die Betriebsausdehnung so stark ist, daß sie kaum technisch bewältigt werden kann, mag an sich schon „Geld in Fülle" vorhanden sein. Grundsätzlich ist jedoch zu beachten, daß die Meinung Fords kein allgemeingültiges Wirtschaftsgesetz ist und daß ein Betrieb sehr wohl am Ende des Jahres mehr Geld zur Neuinvestierung verfügbar haben kann, wenn er sich Kapital leiht, als ohne das.

Das System des Arbeiters und das System des Verbrauchers.

Der Anschluß des privatwirtschaftlichen Systems an die Volkswirtschaft ging bei der Kapitalzinsfunktion unter Beibehaltung des Geldmaßstabes vor sich. Das ist bei den anderen Funktionen nicht möglich, insbesondere nicht bei der Arbeitslohnfunktion und bei der Preisabsatzfunktion, höchstens bei der Stoffmengen-Stoffkostenfunktion. Um die Erscheinung, von der wir ausgegangen sind, weiter an die allgemeine Wirtschaft anzuschließen, müssen wir den objektiven Maßstab des Geldes verlassen und uns so sauer das dem exakten Theoretiker wird, fiktiven, subjektiven Maßstäben Lust, Unlust, Nutzen, Schaden zuwenden. Der Versuch kann natürlich nur in allergrößten Umrissen gemacht werden.

Zunächst die Frage: Wie ist das Produktionssystem des durchschnittlichen Wirtschaftssubjektes gestaltet? Als Arbeiter im weitesten Sinn empfindet der Wirtschaftsmensch bei der Erzeugung mit steigender Produktionsmenge (oder Arbeitszeit oder Arbeitsintensität) mehr Mühe und Unlust, und zwar steigt diese nach allgemeiner Annahme nicht mit der Produktion gleichmäßig, sondern steigend, d. h. auch auf die Produktions*einheit* gerechnet steigt die Mühe.

Nehmen wir zunächst den *Arbeiter* als Wirtschaftssubjekt. Für sein eigenes Wirtschaftssystem erzeugt er nicht etwa Kraftwagen, sondern Geld, Dollars. Je länger und je mehr er arbeitet, je mehr Geld er dabei verdient, desto saurer wird ihm das Verdienen, und man erhält somit, wenn man die Mühefunktion als negative Lustfunktion im Nutzensystem nach unten aufträgt, in Abb. 18 die Kurve m. Das produzierte Geld aber stellt Nutzen dar, und zwar im Tauschsystem den abgeleiteten Nutzen aus den mit dem Geld käuflichen Waren, Gütern und Leistungen. Der Nutzen der Güter und Leistungen ist nun nach der Dringlichkeit zu ordnen (*Gossen*). Zunächst ist die einzelne Guteinheit, wie sie der Reihe nach geordnet ist, für jedes Gut nicht von gleicher Nützlichkeit, mit anderen Worten der „Grenznutzen" nimmt bei wachsender Menge ab. Zweitens haben auch die ersten Einheiten der verschiedenen Güter und Leistungen und damit die in ihnen angelegten gleichen Geldsummen verschiedenen Grenznutzen; mehrere Güter haben für die ersten Einheiten einen unberechenbaren hohen Grenznutzen, sie kommen an den Anfang und aus der Ordnung nach diesen Gesichtspunkten ergibt sich die Abb. 18.

Aus dieser (von *Gossen* her) bekannten Aneinanderlehnung der Grenznutzenbilder und ihrer Kombination mit der Mühefunktion ergibt sich rechnerisch der Optimalpunkt der Produktion einerseits, wie auch die Verteilung des Ergebnisses, des Ertrages auf die einzelnen Waren bzw. Leistungen. In Punkt P ist dieses Nutzenmaximum erreicht. Hier ist der Grenznutzen der Arbeit bzw. des Erlöses PS gleich der Grenzmühe PQ. Eine Ausdehnung der Arbeitszeit um 10 Minuten bzw. des Erlöses um 1 Cent bringt einen Nutzenzuwachs $PP'S'S$ und einen Mühezuwachs $PP'Q'Q$. Da PS kleiner ist als $P'S'$, während PQ größer ist als $P'Q'$, so ist der Mühezuwachs größer als der Nutzenzuwachs, und das Maximum ist demgemäß an dem Punkt überschritten, an dem der Grenznutzen gleich dem Grenzschaden ist.

Nun besteht eine Abhängigkeit zwischen der Arbeit, dem Lohn und den Warenpreisen. Z. B. wird eine Veränderung des Lohnsatzes das auf Arbeitsmenge bezogene Nutzenbild bei einer Lohnsteigerung

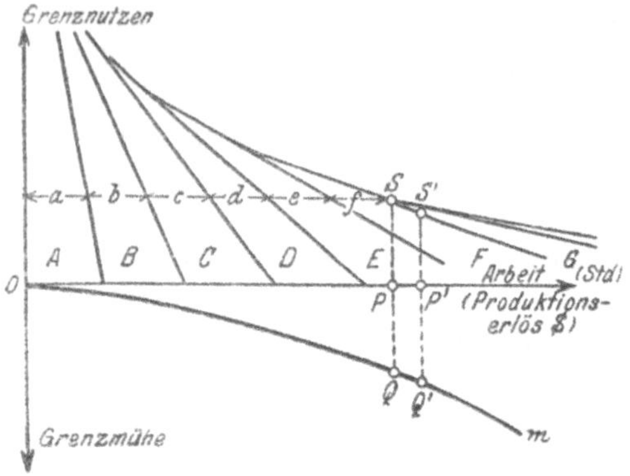

Abb. 18.

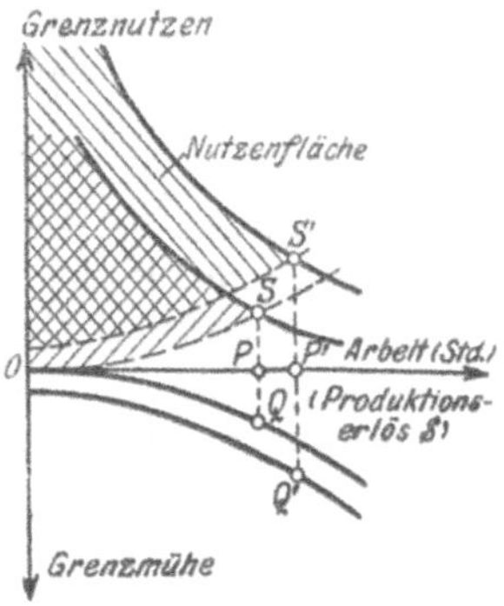

Abb. 19.

erhöhen, insofern der durch den Geldbetrag repräsentierte Nutzen schon bei weniger Arbeit als bisher erreicht ist, d. h. das Nutzenbild wird höher und schmaler. Für jeden Lohnsatz ergibt sich aber — auf Grund der Arbeitsmühefunktion, der Warenpreise und der Grenznutzenfunktion der Waren — für den Arbeiter ein Nutzenmaximum aus dem Punkt der Grenznutzen- und Grenzmühengleichheit. Und zwar rückt, abgesehen von Sonderfällen, mit der Erhöhung des Lohnsatzes und damit des Nutzenbildes der Punkt P nach rechts: mit steigendem Lohnsatz wächst das Arbeitsangebot (Abb. 19).

Zu dem größeren Angebot des einzelnen Arbeiters kommt noch hinzu, daß mit der Lohnerhöhung eine Reihe von fremden Arbeitern zum Arbeitsangebot bestimmt werden. Sie waren bisher weggeblieben, weil in einem anderen Betrieb das erreichbare

Nutzenmaximum größer war als in unserem Betrieb. Nun mag zwar die Mühefunktion bei uns ungünstiger sein als in dem anderen Betrieb (Anfangsmühe für längeren Zugang, Fahrtauslagen usf.). Durch die mit der Lohnsteigerung verbundene Erhöhung der Nutzenfunktion mag aber die erreichbare Nutzenfläche wachsen, so daß der Arbeiter zu uns kommt. Hierbei wird er unter Umständen geneigt sein, auch sein Arbeitsangebot gegen früher zu vergrößern, wenn eben der Grenznutzen erst in einem späteren Arbeitspunkt gleich der Grenzmühe ist. Man sieht jedoch, daß auch beim Pensumsystem, bei dem der Arbeitsbereich durch die Lohnhöhe vorgeschrieben ist, ein Regulativ für den Arbeiterzuzug gegeben ist; rechnerisch würde es sich dann darum handeln, festzustellen, auf welchen Zuzug bei den verschiedenen Lohnhöhen zu rechnen wäre. Dem Theoretiker kommt es darauf an, all diese Erscheinungen auf eine einheitliche Erklärungsgrundlage zurückzuführen, und das ist eben mit dem Nutzenbild zu erreichen.

Das System des Konsumenten.

Das Bild dient uns auch dazu, die Preisabsatzfunktion näher zu erklären. Wie die Gestalt des Nutzenbildes vom Lohnsatz

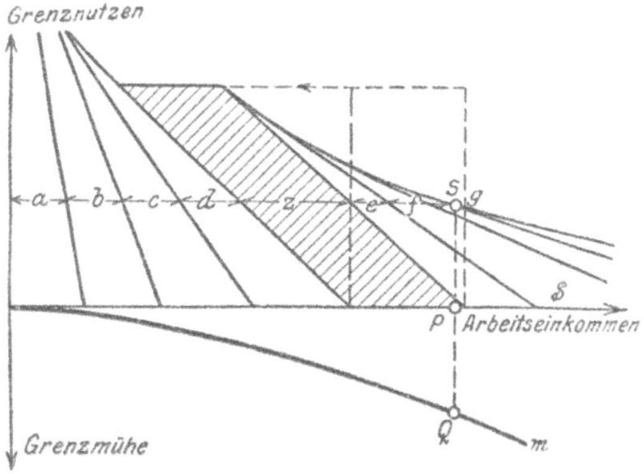

Abb. 20.

abhängig ist, so ist die Gestalt eines jeden Nutzendreiecks des in einer Ware angelegten Geldes von dem Warenpreis abhängig. Der Nutzen der Ware selber ist als fast physiologische Tatsache von dem Preis unabhängig, statisch konstant. Mit fallendem Preis wird dieselbe Nutzenfläche schon mit weniger Geld erreicht. Die Grundlinie wird schmaler, die Höhe wird größer. Handelt es sich, wie beim Kraftwagen, beim Haus, bei mancherlei Gebrauchsgegenständen um unteilbare Güter, so nimmt das Bild statt der Dreiecksform die des Parallelogramms oder Rechtecks an (Abb. 20). Auch hier jedoch läßt sich dann eine Einordnung entsprechend der Größe des Grenznutzens vornehmen, und es läßt sich für jedes einzelne Wirtschaftssystem berechnen, bei welchem Preis die Höhe des Nutzenparallelogramms für unser Gut so hoch gestiegen ist, daß es in den Versorgungsbereich hineinfällt, d. h. innerhalb der Fläche über OP. Hiermit wäre auch die Preisabsatzfunktion auf das Nutzenbild reduziert.

Schluß.

Wir wollen uns damit begnügen, wenigstens in einigen Zügen den Strom, der aus dem allgemeinen Wirtschaftssystem in unser Betriebssystem hineinfließt und herausströmt, auch in jenem großen allgemeinen Meer zu verfolgen, jene Kette von Wirtschaftsgleichungen zu flechten, in der die Veränderung eines Gliedes die Veränderung aller andern nach sich zieht. Ein Weitergehen würde die gesamte Wirtschaftstheorie aufrollen.

Man muß sich darüber klar sein, daß auch mit der obigen strengen Ableitung nur eine Art der Betrachtung gegeben ist und daß auch andere Preiserklärungen und Methoden dazu möglich sind, wie ja die Preisbildung auch von anderen Faktoren als den erwähnten abhängen. Das ändert aber nichts an der Tatsache, daß diese quantitative Betrachtung ausschlaggebende methodische Vorzüge hat.

Was pädagogisch besonders bedeutsam erscheint, ist die Fertigkeit, quantitative Beziehungen übersehen zu lernen. Die Übung darin ist ein Wert an sich, der die Schulung zu begrifflicher Klarheit ergänzen muß. Infolge des formalen Charakters dieser quantitativen Beziehungen eignen sich privatwirtschaftliche Untersuchungen sehr wohl zur Einführung. Von ihnen ausgehend zeigt der Fortschritt nach der allgemeinen Wirtschaft von selbst die auftretenden Schwierigkeiten und die Arbeit auf, die noch zu tun ist.

Druck von C. G. Röder G. m. b. H., Leipzig.

Der Zug nach U. S. A. Gedanken nach einer Amerika-Reise 1924. Von Prof. Dr.-Ing. **P. Riebensahm.** Mit 7 Bildern. (22 S.) 1925. 1 Reichsmark

H. L. Gantt, Organisation der Arbeit. Gedanken eines amerikanischen Ingenieurs über die wirtschaftlichen Folgen des Weltkrieges. Deutsch von Dipl.-Ing. **Friedrich Meyenberg.** Mit 9 Textabbildungen. (90 S.) 1922. 2.50 Reichsmark

Verkäufer

Firma Kunde. Von Dr. jur. et rer. pol. **Kurt Th. Friedlaender,** Fabrikdirektor. Erscheint Anfang 1926

Der Weg zum Käufer. Eine Theorie der praktischen Reklame. Von Dr. jur. et rer. pol. **Kurt Th. Friedlaender,** Fabrikdirektor. Zweite, vermehrte Auflage. Mit 144 Textabbildungen. Erscheint Anfang 1926

Die Reklame des Maschinenbaues. Von Prof. **Georg von Hanffstengel,** Charlottenburg. Mit zahlreichen, zum Teil farbigen Abbildungen. (150 S.) 1923. Gebunden 8 Reichsmark

Die Exportmöglichkeiten der deutschen Maschinenindustrie. Von **Fritz Reuter.** Mit einem Geleitwort von Prof. **Ludwig Bernhard,** Berlin. Mit 10 Textabbildungen. (140 S.) 1924. 6.60 Reichsmark

Der Übersee-Maschinenhandel. Eine Abhandlung über seine Gestaltung und über die sich in ihm auswirkenden Wechselbeziehungen zwischen Wirtschaft und Technik. Von **Wilhelm Thiemann,** Ingenieur und Abteilungsleiter der Fa. Simon, Evers & Co., G. m. b. H., Hamburg. Mit 14 Abbildungen im Text. (257 S.) 1924. Gebunden 11 Reichsmark

Überseeischer Maschinenexport. Ein Leitfaden für Maschinenfabrikanten und Ingenieure, die nach Übersee gehen. Von **Hermann Scherbak,** Ingenieur in Hamburg. (112 S.) 1911. 3 Reichsmark

Wirtschaftswissenschaftliche Leitfäden.

Erster Band: **Angebot und Nachfrage.** Von **Hubert D. Henderson,** M. A., Dozent für Volkswirtschaftslehre an der Universität Cambridge. Deutsch herausgegeben von Dr. **Melchior Palyi,** Privatdozent an der Handelshochschule Berlin. Mit einem Vorwort von **J. M. Keynes.** Mit 2 Abbildungen. (162 S.) 1924. 3.90 Reichsmark

Zweiter Band: **Das Geld.** Von **D. H. Robertson,** M. A., Dozent am Trinity College, Cambridge. Deutsch herausgegeben von Dr. **Melchior Palyi,** Privatdozent an der Handelshochschule Berlin. (156 S.) 1924. 3.90 Reichsmark

Dritter Band: **Produktion.** Von **D. H. Robertson,** M. A., Dozent am Trinity College, Cambridge. Deutsch herausgegeben von Dr. **Melchior Palyi,** Privatdozent an der Handelshochschule Berlin. (153 S.) 1924. 3.90 Reichsmark

Vierter Band: **Bevölkerung.** Von **Harald Wright,** M. A., Cambridge. Deutsch herausgegeben von Dr. **Melchior Palyi,** Privatdozent an der Handelshochschule Berlin. Mit einem Vorwort von **J. M. Keynes.** (158 S.) 1924. 3.90 Reichsmark

Fünfter Band: **Einführung in die Finanzwissenschaft.** Von **Hugh Dalton,** M. A., Dozent an der Universität London. Deutsch und mit Anmerkungen versehen von Dr. **H. Neißer.** Erscheint Anfang 1926

Weltwirtschaft und Wirtschaftspolitik in Einzeldarstellungen. Band 1: **Die Deflation** und ihre Praxis in England, den Vereinigten Staaten, Frankreich und der Tschechoslowakei von **Charles Rist,** Professor an der Faculté de Droit in Paris. Mit 3 Kurven. (134 S.) 1925. 6.60 Reichsmark

---

Die Ordnung des Wirtschaftslebens. Von **Werner Sombart** (Band 35 der „Enzyklopädie der Rechts- und Staatswissenschaft"). (70 S.) 1925. 3.60 Reichsmark

---

Grundzüge der technischen Wirtschafts-, Verwaltungs- und Verkehrslehre. Von Oberregierungs- und Baurat Prof. **E. Mattern,** Berlin. Mit 35 Abbildungen im Text. (358 S.) 1925. 18, gebunden 19.50 Reichsmark

GPSR Compliance

The European Union's (EU) General Product Safety Regulation (GPSR) is a set of rules that requires consumer products to be safe and our obligations to ensure this.

If you have any concerns about our products, you can contact us on ProductSafety@springernature.com

In case Publisher is established outside the EU, the EU authorized representative is:

Springer Nature Customer Service Center GmbH
Europaplatz 3
69115 Heidelberg, Germany

Batch number: 10844623

Printed by Printforce, the Netherlands